왜 나는 매일 아이에게 미안할까

왜 나는 매일 아이에게 미안할까

: 나와 아이를 동시에 치열하게 고민하는 부모를 위한 생활밀착형 부모 인문학

초판 발행 2019년 12월 10일
4쇄 발행 2020년 3월 10일

지은이 김아연 / **펴낸이** 김태헌
총괄 임규근 / **책임편집** 권형숙 / **편집** 김희정, 윤채선 / **교정교열** 노진영 / **디자인** 어나더페이퍼 / **일러스트** 금요일
영업 문윤식, 조유미 / **마케팅** 박상용, 손희정, 박수미 / **제작** 박성우, 김정우

펴낸곳 한빛라이프 / **주소** 서울시 서대문구 연희로 2길 62
전화 02-336-7129 / **팩스** 02-325-6300
등록 2013년 11월 14일 제25100-2017-000059호 / **ISBN** 979-11-88007-44-8 13590

한빛라이프는 한빛미디어(주)의 실용 브랜드로 우리의 일상을 환히 비추는 책을 펴냅니다.

이 책에 대한 의견이나 오탈자 및 잘못된 내용에 대한 수정 정보는 한빛미디어(주)의 홈페이지나 아래 이메일로
알려 주십시오. 잘못된 책은 구입하신 서점에서 교환해 드립니다. 책값은 뒤표지에 표시되어 있습니다.
한빛미디어 홈페이지 www.hanbit.co.kr / 이메일 ask_life@hanbit.co.kr
한빛라이프 페이스북 facebook.com/goodtipstoknow / 포스트 post.naver.com/hanbitstory

지금 하지 않으면 할 수 없는 일이 있습니다.
책으로 펴내고 싶은 아이디어나 원고를 메일(**writer@hanbit.co.kr**)로 보내 주세요.
한빛라이프는 여러분의 소중한 경험과 지식을 기다리고 있습니다.

왜 나는 매일
아이에게 미안할까

나와 아이를 동시에 치열하게
고민하는 부모를 위한
생활 밀착형 부모 인문학

김아연
지음

HB 한빛라이프

우리는 아이가 세상에 태어나
처음 만나는 어른입니다

딸 동생 누나 친구 며느리 아내 동료 직장인 부모…

태어나면서부터 지금까지 저에게 주어진 역할입니다. 그중 가장 잘 해내고 싶은 역할을 꼽으라면 주저할 것 없이 부모입니다. 가장 자신 없는 역할 역시 부모이고요.

이상하지요. 잘하고 싶은 마음만큼 최선을 다하는데 하루를 마무리할 때면 '더 노력할걸', '한 번 더 참을걸' 후회가 몰려옵니다. '학창 시절에 이만큼 노력했으면 전교 1등을 놓치지 않았을 텐데'라는 생각에 조금 억울하기도 하다가 '부모 노릇만큼 어려운 것도 없다' 긴 한숨이 나옵니다. 좋은 부모가 되고 싶은 마음만큼 좋은 부모가 되지 못하는 것이 미안했습니다.

그러다 문득 '왜 나는 매일 아이에게 미안할까'라는 의문이 들었습니다. 그러고 보니 미안하다고 자책하고 반성하기 바빴을 뿐 미안함을 들여다볼 생각은 하지 못했습니다. 미안함은 어디서 시작된 것이며 왜 계속되는지, 어떻게 끝낼 수 있는지 방법을 찾아보기로 했습니다. 아이에게 미안한 감정도 불편했지만 아이에게 '미안해하는 부모'로 기억되고 싶지도 않았습니다.

무엇이 미안한지부터 나 자신에게 물었습니다. 더 좋은 부모가 되지 못해서, 더 많이 해주지 못해서 미안했습니다.

반대로 물었습니다. '지금은 좋은 부모가 아닌가?'

자신 있게 "좋은 부모입니다!"라고 하기에는 부족하지만 그럭저럭 괜찮은 부모인 것 같습니다. 그리고 노력하고 있으니 조금씩 나은 부모가 되어가고 있습니다.

'더 많이 해주면 좋은 부모가 될까?'

풍족한 환경에서 자라진 못했지만 그래서 부모님을 원망한 적은 없습니다. 오히려 도란도란 이야기를 나누며 사과 한 알을 나눠 먹던 따뜻한 환경이 감사했습니다. 우리 아이도 그럴 것 같습니다. 그리고 다시 생각해보니 '더 좋은' 부모가 되고 싶고 '더 많이' 해주고 싶어 미안한 것은 잘못해서 미안한 것과는 달랐습니다. 더 잘하고 싶은 마음에서 비롯된 아쉬움이었습니다.

생각은 '어떤 부모가 좋은 부모일까'로 이어졌습니다. 부모로서 무엇을 해야겠다는 리스트는 있었지만 어떤 부모가 되어야 할지는 여전히 막연하더군요. 부모로서 아이를 돌보는 것도 중요하지만 돌아보니 아이는 늘 저를 바라보고 있었습니다. '이렇게 하자', '저렇게 하자'라는 말보다 저의 행동을 먼저 배우고 따라 할 때가 많았습니다.

그런 아이를 보며 나는 부모로서 어떤 본보기가 되어야 할까를 생각하게 됐습니다. 먼 훗날 아이에게 부모를 넘어 어떤 사람으로 기억될 것인가를 염두에 두고 생활하려고 합니다. 부모됨을 역할을 넘어 존재로 바라보려고 합니다. 또 부모와 아이라는 관계는 부모의 아이를 향한 일방적인 관계가 아닌 부모와 아이가 같이 만들어가는 쌍방향적인 관계이기에 아이가 나에게 무엇을 기대하는지를 자주 묻고 이야기를 나누는 중입니다. 그렇게 조금씩 아이를 키우는 동시에 나를 키우며, 부모로 어른으로 성장하고 있습니다.

올해 첫째가 여덟 살, 둘째가 여섯 살입니다. 저의 부모 나이도 여덟 살이지요. 처음 부모가 됐을 때는 잠든 아이를 보고 있으면 '언제 키우나' 싶었는데 어느 순간부터는 '언제 이렇게 컸나' 아쉽습니다. 내 손을 잡지 않고도 좌우를 살피고 신호등을 보며 야무지게 횡단보도를 건너는 아이를 보고 있으면 '이제 다 키웠구나' 마음이 놓이다가도 '한번 부모는 영원한 부모인데 아직은 아니지' 마음을 다잡기도 합니다. 하나 확실한 건 지난 시간이 결코 짧지는 않다는 것, 그리고 앞으로 부모로 살아갈 시간이 아주 길다는 것입니다.

사람의 발달 단계에 빗대면 '여덟 살 부모'인 지금은 이제 막 부모 노릇의 걸음마를 뗀 것 같습니다. 가까스로 일어났다가 주저앉고 다시 일어나 엉덩방아를 찧고, 또다시 일어나 한 발을 떼다 넘어지고 일어나길 반복해 뒤뚱뒤뚱 걷기 시작하는 단계요. 걸음마를 뗀 아이를 꼭 안고 '요령을 익혔으니 이제부턴 덜 넘어지고 잘 걷게 될 거야' 격려했던 것처럼 부모 8년 차인 지금 스스로 같은 격려를 하곤 합니다. 앞으로는 지금껏 익힌 요령을 바탕으로 부모의 길을 조금 덜 흔들리며 뚜벅뚜벅 걸어가려고 합니다.

침대 머리맡에 작은 서재가 있습니다. 그 서재에는 아이들이 잠들면 읽을 책과, 부모가 되어 마주한 상황과 감정에 올바른 질문을 던져 준 책 16권이 함께 꽂혀 있습니다. 이 책에는 아이를 키우는 고비마다 펼쳐 든 그 책들에서 찾은 질문과 저와 우리 가족이 답을 찾기까지의 과정, 적응기를 담았습니다. 육아가 막막할 때면 책을 꺼내 들고 극한의 감정으로 치닫지 않고 상황을 빠져나갈 힌트를 얻은 것처럼 이 책이 여러분의 마음속에 같은 역할로 자리 잡길 바랍니다. 끝없는 자책에서 벗어나 생각의 문을 여는 문고리가 되길 바랍니다.

영원한 초보 부모
틈틈이

차례.

Chapter 1

부모가 되고 생각합니다

: 이론과 현실 사이

Chapter 2

부모가 되고 배웠습니다

: 현실 가능한 육아의 기술

부모가 되고 생각합니다

: 이론과 현실 사이

죄책감 :

왜 부모는 아이에게 매일 미안할까

《부모의 심리백과》를 읽고

결혼식 전날이었습니다. 밤늦도록 잠이 오지 않아 베개를 들고 안방 문을 두드렸습니다. 엄마도 잠이 오지 않던 참이었다며 팔베개를 해주셨습니다. "결혼 생활이 생각과 다를 수 있다", "마냥 행복하지 않을 수 있다", "엄마 딸이 동화 속 이야기를 믿고 결혼하는 줄 아냐. 예상하고 있다"며 티격태격하던 중 갑자기 엄마가 "해준 것도 없는데 이렇게 예쁘게 자라 시집을 간다고 하니 고맙고 미안하다"라고 하셨습니다. 사실 고맙다고 말하고 싶어 안방에 간 건데 쑥스러워 엉뚱한 말만 하던 참이었습니다. 눈물이 쏟아질 것 같아 마음에 없는 말을 하고 말았습니다.

"이만큼 키웠으면 자랑스러워하면 되지. 미안하긴 뭐가 미안해!"

"엄마가 가진 게 많았으면 더 누리게 해줬을 테고, 아는 게 많았으면 더 가르쳤을 테고, 인내심이 더 컸으면 화를 덜 냈을 텐데 부족한 게 많으니 미안하지."

"넘치게 많이 받았어. 미안해하지 마."

베개를 들고 내 방으로 돌아와 한참을 울었던 기억이 납니다. 내가 누구 덕분에 이렇게 컸는데, 고마운 것투성인데… 나중에 부모가 되면 나는 내 자식에게 미안해하지 말아야지 다짐했습니다.

그 다짐은 부모가 된 순간 깨졌습니다. 30시간 진통 끝에 첫째를 낳으며 "힘 잘 주는 연습 좀 할걸. 엄마가 힘을 잘 못 줘서 네가 고생했다" 사과부터 했으니까요. 그런 저를 보고 친정엄마는 "너도 고생했는데 자식 고생한 것만 보이지? 그래서 '자식 둔 죄'라고 한다. 자식 앞에 미안하지 않은 부모는 없다"고 하셨습니다.

죄책감? 무력감 vs 수치심 vs 책임감

전문가마다 육아서마다 강조합니다.

"죄책감에서 벗어나라."

반면 부모들은 죄책감에서 벗어나는 게 가장 힘들다고 말합니다. 어디부터 어디까지가 죄책감이고, 어떻게 해야 죄책감에서 벗어날 수 있는지 모르겠다고 하소연을 합니다.

저 또한 같은 고민을 했습니다. 특히 둘째가 생후 한 달이 채 지나지 않아 선천성갑상선기능저하증 진단을 받았을 때 그랬습니다. 뱃속에서 건강하게 자라다 이제 막 세상에 나온 아이에게 질환이 있다는 게 믿기지 않았습니다. 의사 선생님은 "원인이 밝혀지지 않은 질환이니 괜한 죄책감에 시달리지 마라"고 하셨지만 그래서 더 내 탓 같았습니다. 한창 속앓이를 하고 있을 때 '40년 선배 부모'인 시어머니께 제 마음이 보였나 봅니다. 어느 날 "책임을 다하지 못했을 때 느끼는 것이 죄책감이다. 네 책임이 아닌 일에 괜한 죄책감 느끼지 말고 부모로서 할 일에 집중하라"고 하셨습니다.

내가 부모인데, 내 자식과 관련된 일에 내 책임이 아닌 부분이 있다는 말씀이 냉정하게 들렸지만, 한편으로는 그 말씀 덕분에 차분해질 수 있었습니다. '내 책임이 아닌 부분이 있다는 말'은 내가 어찌할 수 없는 부분이 있다는 말과 같았습니다. 기질, 유전적인 부분 등 타고난 것이 있습니다. 타고난 것은 아무리 애써도 바꾸는 데 한계가 있습니다. 받아들일 것은 받아들이고 그에 맞는 노력을 하는 게 최선입니다. '부모로서 할 일에 집중하라'는 말씀은 그런 뜻이었을 것입니다. 책임을 회피하라는 것이 아닙니다. '부모로서 진짜 해야 할 일'만 추려도 차고 넘치니 그 일에 에너지를 모으라는 것입니다.

둘째가 건강히 자라기 위해 부모인 제가 할 일은 하루에 한 번씩 갑상선호르몬제를 먹이고, 주기적으로 검사를 받고, 평소와 다른 모습을 보이면 병원에 연락하는 것이었습니다. 약 잘 먹이고, 병원 정기검진도 잊지 않고, 제 할 일을 열심히 한 덕에 아이는 건강하게 잘 자라고 있습니다.

죄책감이라고 두루뭉술하게 말했지만 거기에는 다른 감정들이 숨어 있었습니다. 아이가 아플 때 느낀 감정은 죄책감과는 거리가 있었습니다. 아이가 아픈데도 부모로서 해줄 수 있는 게 없다는 허탈함. 즉, 스스로 힘이 없음을 알았을 때 드는 허탈하고 맥 빠진 듯한 느낌, 바로 무력감이었습니다.

죄책감은 수치심과 혼동되기도 합니다. 가령 아이의 손이 닿는 곳에 뜨거운 커피를 두어 아이가 화상을 입었다면 그건 부모의 부주의로 인한 일입니다. '왜 아이 곁에 커피를 뒀을까' 반성하고 다음부턴 아이 손이 닿지 않는 곳에 두면 됩니다. 그런데 이게 말처럼 쉽지가 않습니다. 보통의 경우 '아, 뜨거운 커피를 아이 손이 닿는 곳에 두다니, 실수했구나' 행동을 반성하기보다는 '나는 부모라는 사람이 왜 이렇게 생각이 짧지' 자책으로 이어질 때가 많습니다.

조지메이슨대 심리학과 준 프라이스 탱니June Price Tangney 교수는 후자를 수치심으로 구분합니다. 죄책감과는 다릅니다. 죄책감이 행동에 초점을 맞춘다면 수치심은 자기Self에 초점을 맞춥니다. 죄책감이 '나는 잘못된 행동을 했다'라는 감정이라면 수치심은 '나는 나쁜 사람이다'라는 감정이라는 겁니다. 죄책감을 느낄 때는 반성하고 개선안을 고민하

는 반면 수치심을 느끼면 잘못을 저지른 나에게 분노합니다. 한 번 수
치심을 느끼면 헤어나오기도 쉽지 않습니다. 확대해석해 자기 비난으
로 빠지는 것을 경계해야 합니다.

부모 8년 차, 여전히 아이에게 미안할 때가 있습니다. 달라진 것은
미안한 감정에서 무조건 벗어나려고 하지 않는다는 점입니다. 무력감
과 수치심 등 다른 감정들과 구분한 뒤 진짜 죄책감은 책임감으로 전환
합니다.

죄책감의 다른 이름 구분 짓기

죄책감 ≠ 무력감 ≠ 수치심

죄책감 → 책임감

화, 참지 말고 관리하기

얼마 전 부모가 된 후배를 만났습니다. 의자에 털썩 앉더니 한숨부
터 쉬더군요.

"어제도 아이한테 소리 지르고 말았어요. 저는 정말 부모 자격이 없
나 봐요."

아이에게 눈이라도 부릅뜬 날이면 부모의 마음이 얼마나 안 좋은지

알고 있기에 어제'도' 소리를 질렀다는 후배가 안쓰러웠습니다. 소리를 지르지 않았다면 좋았겠지만 이미 엎질러진 물. '부모 자격이 없다'는 엉뚱한 자책을 막고 싶었고 소리 덜 지르는 부모가 되게 돕고 싶었습니다. 퀭한 눈과 짙은 다크서클이 한눈에 봐도 피곤해 보였습니다. 부모 자격이 없어서 소리를 지른 게 아니라 피곤해서 예민해진 것 같았습니다. 아니나 다를까 물어보니 매일 6시간, 그것도 자다 깨기를 반복하고 있었습니다. "하루만 잠을 제대로 못 자도 몸이 무거운데 며칠을 연달아 잠이 부족하고 수시로 깨면 마더 테레사라도 아이한테 소리 지를 수 있다"고 하니 그제야 웃더군요.

의사들이 병을 치료하는 방법은 크게 대증요법과 원인요법으로 나뉩니다. 대증요법은 증상을 완화하는 치료법이고, 원인요법은 증상의 원인을 제거하는 치료법입니다. 즉 열이 나 병원에 가면 해열제를 처방해 일단 열을 내리는 것은 대증요법, 열이 나는 원인을 찾아 원인을 제거하면 원인요법입니다. 대증요법은 고통을 즉시 줄여주지만, 원인을 없애는 것이 아니니 약의 효과가 떨어지면 다시 증상이 나타나는 한계를 지닙니다. 원인요법은 원인을 제거하는 것이니 원인을 찾을 때까지 시간은 더딜 수 있으나 근본적으로 치료가 되고요.

화도 마찬가지입니다. 대부분 화가 나면 대증요법으로 접근합니다. 숨을 고르며 '화'라는 증상에 '인내심'을 처방합니다. 효과 있습니다. 참고 참으면 화가 가라앉죠. 해열제를 한두 번 먹으면 열이 떨어지는 것처럼 말입니다. 하지만 상황을 해결한 것은 아니어서 같은 상황이 반복되면 그때마다 '인내심'을 처방해야 합니다. '인내심'이 통하기도 하지만 참고 또 참다 '왜 매번 참아야 해!' 더 화가 나기도 하고요. 인내심의 한계에 부딪히기도 합니다. 그럴 땐 참았던 만큼 더 크게 폭발하죠. 그리고 '나는 왜 이렇게 인내심이 부족한 걸까?'라는 자책과 '다음번에는 조금 더 참아보자'라는 반성으로 이어집니다.

저도 그랬습니다. 프랑스 임상심리학자인 이자벨 피이오자Isabelle Filliozat는 저와 같은 부모들에게 인내심이 부족한 것이 아니라 접근이 잘못됐다고 합니다. 대증요법이 아닌 원인요법으로 접근해야 한다는 것이죠. 화에 인내심을 처방하는 것이 아니라 화가 나는 원인을 찾아 제거하는 것입니다. 이에 대한 부모들의 반응은 두 가지입니다. '내가 부족한 것이 원인인데 무엇을 채워야 하나?'가 첫 번째이고 '아이가 잘못해 화가 나니 아이의 잘못을 고쳐야 한다'가 두 번째입니다. 화가 나는 원인을 나의 부족 혹은 아이의 잘못으로만 생각하는 것입니다. 하지만 이는 피상적인 원인일 뿐 '진짜' 원인은 따로 있습니다. 가령 아이가 장난감을 정리하지 않아 화가 난 경우 '아이가 장난감을 정리하지 않은 것'이 원인으로 보이지만 장난감을 치우지 않을 때마다 화가 나는 것은 아닙니다. 그날 아침에 남편과 싸웠다거나 회사 일이 많아 피곤했다거나 방금 청소를 했는데 아이가 다시 어지른 것 등이 진짜 원인입니다.

피이오자는 이런 원인이 대부분 마음속에 숨어 있다고 해서 '숨은 원인'이라고 칭합니다. △피로 △호르몬 주기(월경) △직장 문제 △부부 갈등 △과도한 집안일 △경제적 문제 △친인척의 병환 △욕구불만 △부당함 △걱정거리 등이 대표적인 숨은 원인입니다.

한 마디로 '화가 나는 상황'을 넘어 '내 상태'를 점검하라는 말입니다. 그래서 화가 날 때 '얘가 왜 이러지?' 아이에게서 원인을 찾기 전에 '내 컨디션이 별로인가?' 살피려고 합니다. 그 상황에서 한 발 떨어져 무엇 때문에 소리를 질렀는지 객관적으로 점검해봅니다.

화가 날 때 체크해볼 것*

• 몸과 마음이 피곤하다

• 호르몬 주기에 문제가 있다.

• 직장생활에 문제가 있다.

• 부부관계에 문제가 있다.

• 집안일을 혼자 도맡아 하고 있다.

• 경제적으로 문제가 있다.

---

* 《엄마의 화는 내리고, 아이의 자존감은 올리고》(이자벨 피이오자 지음, 김은혜 옮김, 푸른육아, 2019년) 내용을 토대로 정리했습니다.

- 가까운 사람이 아파서 입원한 상태다.
- 욕구불만이 있다.
- 부당하다고 느끼는 일이 있다.
- 걱정거리가 있다.
- 그밖에 근심거리가 있다.

제 경우 숨은 원인은 대부분 피로였습니다. 신기하게도 '내가 피곤해서 예민하구나' 알아챈 것만으로도 화가 가라앉았습니다. 그래서 '스트레스 연구의 아버지'라고 불리는 생리학자 한스 셀리에Hans Selye도 "질병의 원인이 무엇인지 아는 것 자체로 치료 효과가 있다"고 했는지도 모르겠습니다. 또 화를 덜 내기 위해 피로를 적극적으로 관리합니다. 아이를 돌보는 에너지를 줄일 수는 없으니 집안일을 줄였습니다. 집안일의 기준을 낮추고 반찬을 배달시키거나 식기세척기, 빨래건조기 등 외부의 힘을 보탭니다. 온 가족이 집안일을 같이 하고 주위의 도움도 받습니다.

육아, '내 일'이 아닌 '우리의 일'

피이오자는 좋은 부모가 되는 것은 '아이를 사랑하면 된다', '엄마가 잘하면 된다'처럼 단편적인 것이 아니라 "복잡한 역학 관계들이 얽혀 있다"고 말합니다. 그렇기 때문에 '좋은 엄마가 되려면 무엇 무엇을 해야 한다', '어떻게 하면 된다' 식의 조언은 소용이 없다는 것입니다. 좋은 부모가 되고 싶다면 조언을 참고하되 얽혀 있는 역학 관계를 파악해야 합니다. 그 역학 관계에는 부모의 신체적·정신적 상태, 사회적인 분위기, 주변의 지원, 부모의 어린 시절 기억 등이 모두 작용합니다.

특히 우리 사회에서 부모 노릇을 하려면 '나와 내 아이, 우리 가족'을 넘어 '나와 사회'로 눈을 돌리는 것이 필요한 것 같습니다. 우리 사회는 육아를 부모 개인의 문제, 그중에서도 엄마의 문제로 돌리는 경향이 강하기 때문입니다. 가령 육아휴직이 끝나고 아이를 맡길 곳을 찾는 엄마에게 너무도 당연하게 "엄마가 회사를 그만두면 되지"라고 이야기합니다. 매일 이어지는 독박육아에 지친 엄마에게 "엄마라면 그 정도는 참고 견뎌야지"라고 이야기합니다. 프랑스, 덴마크 등 육아 선진국에서는 다릅니다. '아이를 어디에 맡길까?'를 고민하기 전에 국가가 나서 아이를 믿고 맡길 수 있는 양질의 돌봄 기관을 보장하고, 만 3세가 되지 않은 아이를 어린이집에 보낸다고 눈총 주는 사람도 없습니다.

엄마에게 정말 필요한 것은 육아를 잘 해내라는 채찍이 아닌 육아를 잘할 수 있는 환경을 같이 조성해주는 것입니다. 육아를 엄마의 '원맨 플레이'로 여기는 사회적인 분위기에 반기를 들었으면 합니다.

물론 사회가 변해야 하지만 개인적인 차원에서도 할 일이 있습니다. '다들 혼자 해내는데 왜 나는 못 할까'라는 마음부터 버리는 것입니다. 적극적으로 도움을 '요구'하는 것입니다. 핵심은 도움을 '부탁'하는 것이 아닌 '요구'한다는 점. '부탁'은 육아가 전적으로 엄마의 책임이고 다른 사람들은 여유가 있으면 손을 보태는 것이 전제이기 때문입니다. '부탁'할 때 엄마는 내 능력이 부족해서 도움을 청하는 것 같아 망설여지고 도움을 요청받는 쪽은 호의를 베푸는 것이 됩니다. 도움을 정중히 '요구'할 때 육아는 '우리 모두의 문제'로 공론화될 수 있습니다.

정서적인 도움도 중요합니다. 아이와 함께 있을 때는 한시도 긴장의 끈을 놓을 수 없습니다. 늘 스트레스에 시달리고 있다고 해도 과언이 아닙니다. 안타까운 것은 엄마가 받는 스트레스는 과소평가된다는 것입니다. 엄마가 자기 아이를 돌보는 것은 당연하고 아이를 키우는 것은 행복한 일이라는 신념이 우리 사회에 널리 퍼져 있기 때문이죠. 그러므로 엄마의 스트레스는 당연한 것으로 치부됩니다. 이런 분위기에서 엄마들은 스트레스에 대처하기보다 숨기기 바쁩니다. 피이오자는 "책임은 있는데 그로 인해 힘들 때 마음을 털어놓지 못하고 도움도 받지 못하면 책임감뿐만 아니라 죄책감도 더 많이 느끼게 된다"라고 했습니다. 악순환이라는 것입니다. 엄마들의 스트레스를 있는 그대로 들어주고, 도와준다면 죄책감에서 벗어나라는 조언을 하지 않아도 죄책감은 저절로 줄어들 것입니다.

저부터 육아의 고충을 주변에 솔직히 털어놓으려고 합니다. "엄마라는 사람이 무슨 그 정도로 힘들다고 하냐"는 질책이 돌아오면 "그런 당신은, 당신의 어머니는 힘들지 않으셨냐?"라고 반문합니다. "다들 그러고 살고 있다. 아이를 위해서 더 노력하라"는 조언 대신 "나도 힘들었어"라고 공감하려고 합니다. 공감받았을 때 '내가 부족하구나' 자책하지 않고 '육아는 누구에게나 힘들구나. 그 힘든 일을 내가 해내고 있구나'라는 생각에 저절로 힘이 났으니까요.

부모의 심리백과

이자벨 피이오자 지음 | 김성희 옮김
알마
2009년 3월

개정판

엄마의 화는 내리고, 아이의 자존감은 올리고

이자벨 피이오자 지음 | 김은혜 옮김 | 푸른육아 | 2019년 4월

부모인 나를 이해하고, 부모인 나를 통제할 수 있게 도와주는 책입니다. '나를 더 이해하고 싶다'는 생각으로 대학 때 심리학을 복수전공했습니다. 여자니까 여성심리, 미래의 아이를 위해 아동발달심리, 언젠가는 노인이 될 테니 노인심리학을 공부하며 도움을 받았지요. 그러다 부모가 되니 태어나 처음 느끼는 감정이 몰려왔습니다. 부모가 된 나는 내가 알던 나와 달랐고, 내가 모르던 모습이 툭툭 튀어나왔습니다. 부모라는 '특수한' 상황에서만 겪는 심리가 있었던 것입니다. 부모심리도 수강할걸 후회했지만 알아보니 심리학에는 '부모심리학'이라는 종류가 (아직까지는!) 없었습니다. 도서관을 뒤져 찾은 이 책은 교과서 같은 대안이 되어주었습니다.

❋ 가장 최근에 아이에게 미안하다고 느낀 순간은 언제인가요?

내 잘못으로 벌어진 일이었나요?

내가 바꿀 수 있는 부분이 있나요?

어떻게 바꿔야 할까요?

어제의 미안함을 자책하지 않고 반성하며,

죄책감을 넘어 책임감으로 돌릴 수 있다면,

오늘의 감사함으로 바꿀 수 있습니다.

변화 :

부모가 된 나는 어떻게 변해야 할까

《내 아이를 위한 부모의 작은 철학》을 읽고

부모가 되니 어떠냐는 질문을 많이 받습니다. 부모가 된 지 8년째니 이 정도 질문엔 쉽게 답하고 싶은데 아직 어렵습니다. "행복하지"로 시작해 "그런데 힘들고, 왜 애를 낳아서 이 고생을 할까 한숨이 나기도 하고 이 아이를 낳아서 다행이다 싶기도 해. 내가 이 정도뿐이 안 되는 사람이었나 실망하기도 하고, 반대로 이것도 할 수 있었어? 한계를 넘어선 내 모습에 깜짝 놀랄 때도 있고…" 답이 길어집니다. 한 박자 쉬고 "더 신기한 건 이렇게 극과 극인 줄 알았던 감정들이 동시에 느껴진다는 거야"로 마무리. 부모가 된 뒤로는 매일 복잡계를 여행하는 기분입니다. 같은 질문을 지인들에게 해봤습니다.

"다시는 돌아갈 수 없는 강을 건넌 것 같아요(부모 1년 차)."

"비로소 어른이 되어가고 있는 것 같아요(부모 3년 차)."

"어린 시절 나와 우리 부모님이 자꾸 떠올라요. 이제야 부모님 마음을 이해하게 됐어요(부모 7년 차)."

"아이를 키우면서 내가 이렇게 인내심이 큰 사람이었다는 것도, 화가 많은 사람이라는 것도 알게 되었어요(부모 5년 차)."

각자 다른 이야기를 하는 것 같았지만 그 속에 공통점이 보였습니다. '달라졌다', '알게 됐다', '이해한다', '발견했다' 등 모두 변화를 이야기한다는 것. 저 역시 마찬가지입니다. 부모가 되기 전의 나와 부모가 된 나는 머리부터 발끝까지, 피부 각질층부터 삶의 태도까지 모든 것이 달라졌습니다.

아이를 내 삶 속으로 받아들인다는 것

통계청 자료에 따르면 우리나라 무자녀 가정의 비중은 2000년대 이후 2% 수준입니다. 결혼한 대부분의 부부가 아이를 낳는다는 뜻입니다. 그리고 부모가 되면 자녀가 독립하기까지 '최소 20년'은 아이에게 집중합니다. 80세 인생의 사 분의 일에 해당하니 결코 짧지 않은 시간입니다.

쉬울 줄 알았습니다. 결혼하면 대부분 부모가 되니까, 나도 어린 시절을 거쳐 성인이 되었고 모범적인 부모님 밑에서 자라며 '부모 노릇'

을 보고 배웠으니 아이를 잘 키울 자신이 있었습니다. 마냥 행복하리라 생각했습니다. 하지만 심리학자이자 경제학자인 대니얼 카너먼Daniel Kahneman이 2004년에 발표한 연구 결과를 보면, 육아는 즐거움을 주는 활동에서 요리나 집안일보다 뒷순위였습니다. 굳이 연구 결과를 언급하지 않아도 아이가 태어나기 전에는 누가 설거지할지를 두고 가위바위보를 하던 우리 부부도 아이가 태어난 뒤로는 '설거지를 내가 하겠다'고 서로 나섰습니다. 매일 아침 '할 일 리스트'를 작성하고 하나씩 지워나가며 저녁이면 끝낸 것들을 확인하고 개운하게 침대에 눕던, 바쁘지만 질서정연한 하루가 아이가 태어난 순간 엉망진창이 되었습니다.

독일의 작가 겸 교육자인 볼프강 펠처Wolfgang Pelzer는 저서《내 아이를 위한 부모의 작은 철학》에서 누구나 살아가며 "일상의 궤도를 이탈하여 혼란 속에 빠지게 만드는 사건"을 겪는다고 했습니다. 이런 사건을 마주하면 "기존의 지식으로도, 누군가의 조언으로도 해결할 수 없는 문제에 부딪히게" 되고, 무엇보다 "그 사건 이후 우리는 예전의 나로 다시 돌아갈 수 없다"는 것입니다. 사랑하는 사람의 죽음이 대표적인 사건이고 내 아이의 탄생도 그렇습니다. 이 부분을 읽으며 얼마나 고개를 끄덕였던지요. 아직 사랑하는 사람의 죽음을 겪은 적은 없어서 모르겠지만 아이의 탄생은 분명 내 삶을 송두리째 바꿨습니다.

갓난쟁이가 태어났으니 할 일이 더 많아질 거라고는 예상했습니다. 할 일이 늘어난 만큼 하루를 더 빼곡하게 계획했습니다. 소용없었습니다. 계획한 대로 되지 않는 것이 문제였습니다. 그렇다고 통제할 수 있는 것도 아니었습니다. 아이의 울음은 타협이나 설득이 통하지 않는 '절대적 요구'였고, 부모인 이상 그 요구를 거부할 수 없었습니다.

그래서 펠처는 부모가 되는 첫걸음은 "무조건 한 아이가 자신들의 인생 속으로 들어온 것을 인정"하는 것이라고 강조했습니다. 아쉽게도 어떻게, 얼마큼 인정해야 하는지를 알려주는 성공 사례나 특별한 경험담, 전문 지식 같은 것은 없다고 하더군요. 결국 나만의, 우리 부부만의 방식을 찾되 '무조건' 인정하라는 말이었습니다.

수시로 깨는 아이 덕분에(?) 밤을 꼴딱 새운 날, 남편과 앞으로 하루 계획을 세우지 말자고 다짐했습니다. 우리의 일과에 아이의 자리를 마련하는 것이 아니라 먼저 우리의 일과를 온전하게 비운 뒤 우리와 아이의 일과를 같이 채워보기로 했습니다. '할 일 리스트'가 아닌 '아이의 일과표'를 적기 시작했고, 틈이 나면 그날그날 할 일의 우선순위를 정해 최우선에 있는 것부터 하나씩, 서두르지 않고 했습니다.

비로소 숨통이 트이더군요. 그제야 펠처의 말이 부모로서 아이에게 영향을 끼치려고만 하지 말고 아이가 부모의 인생에 끼치는 영향력을 받아들이라는 것임을 깨달았습니다.

단순히 일과에 끼치는 영향력만을 말하는 것은 아닙니다. 아이가 자라며 일상에서 나만의 시간은 다시 늘어나고 있습니다. 일과를 바꾸는 것이 워밍업이었다면 지금은 실전에 투입된 것 같습니다. 아이가 말똥말똥하게 쳐다보며 "왜?"라고 물을 때 내 가치관, 사고방식, 삶을 바라보는 방식을 점검하게 됩니다. 아이가 받아들이기에 건강한 영향력인지를 살피는 것입니다. 또 "이건 엄마 생각인데 네 생각은 어때?" 아이들에게 묻고 의견을 따라가 보기도 합니다. 아이의 방식이 더 건강하다면, 그 방식을 존중하며 저의 방식도 바꿔나갑니다.

부모가 되면 어떤 변화를 거치는가

정확히 말하면 부모로서 변한 것이 아니라 변하게 된 것 같습니다. 아이를 지켜보고 아이에게 물으며 아이에게 무엇이 필요한지를 살폈습니다. 잠시 한눈을 팔아도 사고가 나지 않고 잔병치레도 덜하는 아이를 보며 부모 노릇이 편해지는구나, 기뻤습니다. 그런데 기쁜 것도 잠시. 명확하게 보이던 할 일이 줄어드니 부모의 역할이 흐릿해지는 것 같았습니다.

다들 그런 것 같았습니다. 우선 놀이터에서 엄마들과 만나면 나누는 대화부터 달라졌습니다. "소정이 어제는 잘 잤어요?", "지원이는 뭘잘 먹어요?", "뭐든 잘 먹으니 좋겠다~" 등 '아이들이 한 것'을 나누던 대화가 "뭘 좀 시켜야 할까요?", "아직 한글은 몰라도 되겠죠?", "옆집 다현이는 학습지 시작했다던데요"처럼 '아이들이 할 것'으로 옮겨갔습니다. 그럴수록 마음이 불편했습니다.

그러면서 부모로서 내 역할이 궁금해졌습니다. 부모로서 놓치고 있는 것은 없는지 확인하고 싶었습니다. 미국 가정과노동연구소 소장인 엘런 갈린스키Ellen Galinsky도 1980년대에 같은 의문을 품었습니다. 첫 아이를 키우며 부모가 되면 어떤 변화를 거치는가에 대한 의문이 생겨 직접 태아에서 18세까지 아이를 둔 부모 228명을 면접해 '부모기父母期'를 연구했습니다. 그 결과 아이들이 특정 단계를 거치며 자라는 것처럼 부모도 6단계를 거치며 성장하고 변한다는 것을 밝히며 이를 '부모기의 6단계The Six Stages of Parenthood'(38쪽 표)라고 명명했습니다.

저는 당시에 '부모기의 6단계' 중 4단계에 속해 있었습니다. 4단계는 늘 품고 있었던 아이를 세상으로 한 발짝 내보내는 시기입니다. 부모는 아이와 세상 사이의 중재자로 세상에 대해 아이에게 설명하고 아이가 마주한 일을 해석해 이해시킵니다. 또 혼자 감당해야 하는 일들이 늘어나는 만큼 아이에게 좀 더 독립된 개체로서의 생활을 강조하고요. 아이를 '내 자식'에서 '한 사람'으로 바라보기 시작하며 아이와 더욱 평등한 관계로 나아갑니다. 갈린스키는 이 시기 부모는 '부모상'을 재형성한다고 했습니다. 나는 어떤 부모였나 돌아보고 아이에게 나는 어떤 부모로 기억되고 있는지를 점검하며 부모의 역할을 다시 고민한다는 것입니다.

엘런 갈린스키 부모기의 6단계*

부모상 정립 단계
image making stage

임신기. 예비 부모들이 부모로서의 이미지를 형성하고 수정해가는 과정

. . . .

양육 단계
nurturing stage

출생부터 만 2세까지. 자녀와 애착, 신뢰감을 형성하는 단계. 부모로 적응하며 나에 대한 개념이 흐려지기도 하고 바뀌기도 하는 시기

. . . .

권위 단계
authority stage

만 2세부터 4~5세까지. 아이들은 가치관, 부모는 권위를 형성하는 단계. 어떤 종류의 권위가 있어야 하고 어떤 규칙을 설정하고, 무슨 규칙이 언제 강조되어야 하고 언제 깨야 하는지 결정

. . . .

해석 단계
interpretive stage

아이들이 유치원에 들어가기 시작해 소년, 소녀기에 접어들기까지. 자녀에게 세상에 대하여 설명

. . . .

상호 의존 단계
Interdependent stage

사춘기 시기. 자녀가 성장하며 부모 권위는 축소. 권위 단계에 제기되었던 문제가 다시 제기되며 새로운 해결을 요구함. 부모는 아이와 새로운 인간관계를 형성하게 됨

. . . .

새로운 출발 단계
departure stage

자녀가 집을 떠나는 시기. 자녀의 새로운 출발과 자녀와의 헤어짐을 준비하는 단계. 부모-자녀의 관계는 엄격한 통제에서 느슨하고 완화된 통제로 변화

. . . .

* 《아이의 성장 부모의 발달》(엘런 갈린스키 지음, 권영례 옮김, 창지사, 1997년) 내용을 토대로 정리했습니다.

설명을 보며 이 혼란스러운 감정이 부모상을 돌아보는 시기라 그렇다는 것을 알게 되니 마음이 놓였습니다. '한글을 가르쳐야 할까'라는 고민도 아이를 '내 품 안의 아이'로 바라보다 '세상 안에 있는 아이'로 바라보며 이 세상에서 건강하게 살아가려면 익혀야 할 기술이기에 시작된 것이었습니다. 하지만 갈린스키는 그보다 '부모상'을 재형성하는 것이 우선이라고 말했습니다. 아이에게 어떤 부모가 될 것인가가 또렷하다면 아이에게 무얼 해줄까도 명확해지니까요. 놀이터에서 만난 엄마들도 "한글을 가르쳐야 할까요?", "옆집 지성이는 벌써 읽기는 뗐더라고요" 이야기를 시작했다가도 "아이가 배우고 싶다고 할 때까지 기다려야 할지 아니면 배우자고 해야 할지 모르겠어요", "기다리자니 너무 늦을까 조바심이 나고 끌고 가자니 내 욕심인 것 같고요"로 이어지곤 했습니다. 결국 한글을 가르칠까 말까는 아이를 앞에서 이끄는 부모가 될 것인가와 뒤에서 따르는 부모가 될 것인가의 문제였습니다.

가르쳐봤습니다. 시중에서 가장 유명하다는 한글 떼기 교재를 사서 아이와 책상에 앉아 공부했습니다. 영 흥미를 보이지 않더군요. 동영상, 교구도 활용해봤지만 가르치면 가르칠수록 때가 아니라고 느꼈습니다. 주위에서도 부모가 억지로 가르치면 몇 달이 걸리는데 아이가 원해서 배우면 일주일 만에도 한글을 뗀다고 했습니다. 원한다는 것은 배울 준비가 됐다는 뜻이니 어찌 보면 당연했습니다. 아이가 한글을 배우고 싶다고 할 때까지 기다리기로 했습니다.

첫째는 일곱 살 여름에 한글이 궁금하다고 했습니다. 그때부터 조금씩 가르쳤지요.

"아하! 이 글자가 수박이었구나!"

"엄마, 이 간판에도 엄마가 좋아하는 커피! 저 간판에도 커피가 쓰여 있어!"

즐겁게 배우는 아이를 보며 역시 교육의 적기는 아이가 원할 때라는 것을 다시 한번 확인했습니다.

그래서 저는 아이의 뒤를 따르는 부모가 되기로 했습니다. 뒤에 선다고 아이만 보겠다는 것은 아닙니다. 아이의 뒤에 서니 아이와 세상이 같이 보입니다. 이 세상을 살아가면서 아이가 해야 할 일, 익혀야 할 것을 염두에 두며 아이를 따라갑니다.

아이를 떠나보내기 위해 키운다

올해 첫째가 초등학교에 들어갔습니다. 학교에 적응하는 것도 큰 과제였지만 하교 후 일과에 적응하는 것은 더 큰 과제였습니다. 어느 날은 방과 후 수업 교실로, 또 어느 날은 학원으로, 또 다른 날은 집으로, 요일마다 다른 일정을 숙지하고 이에 맞춰 혼자 움직여야 하니까요. 입학 첫 주는 제가 동행했지만 둘째 주부터는 혼자 하기로 했습니다.

남편과도 종종 우리는 아이를 건강하게 떠나보내기 위해 키운다는 이야기를 나눕니다. 아이가 독립할 때 시원섭섭하겠지만 '섭섭'보다 '시원'이 더 크길 바랍니다. 그러기 위해서는 아이가 자신의 힘으로 이 세상을 씩씩하게 헤쳐나갈 성인으로 이끌며 부모인 우리는 우리의 삶을 잃지 말아야 할 것입니다.

처음 혼자 셔틀버스를 타고 학원으로 이동하는 날, 아이는 쿨하게 걱정하지 말라며 등교했지만 저는 마음이 놓이지 않았습니다. 하교 시간이 다가오자 점점 더 걱정이 커졌고, 아이가 셔틀버스를 잘 타는지 몰래 숨어서 지켜보기로 했습니다. 잘 숨는다고 숨었는데 교문 근처까지 나온 첫째에게 딱 걸려버렸죠. 눈이 마주쳤는데 못 본 척할 수도 없어서 손을 흔들면서도 속으로는 엄마가 왔으니 셔틀 타지 않고 같이 걸어서 학원에 간다고 하면 어쩌지 걱정이었습니다. 그런데 예상과 달리 첫째는 저에게 인사를 하고 "엄마, 그럼 난 셔틀 타러 간다~" 바삐 뛰어 갔습니다. 셔틀버스를 씩씩하게 탄 것은 고마운데 뒷모습을 보고 있으니 좀 허탈하더군요. 나만 애틋했던 것 같은 억울함에 선배 엄마들에게 이야기를 털어놓았습니다. 모두 웃으며 "아이는 잘 자라고 있네. 이제 그럴 때지. 지금부터 부모로서 네 역할은 아이에게 질척대지 않는 거야"라고 하더군요.

불난 집에 부채질하는 거냐고 투덜댔지만 곱씹을수록 맞는 말이었습니다. 남편과도 종종 우리는 아이를 건강하게 떠나보내기 위해 키운다는 이야기를 나눕니다. 아이가 독립할 때 시원섭섭하겠지만 '섭섭'보다 '시원'이 더 크길 바랍니다. 그러기 위해서는 아이가 자신의 힘으로 이 세상을 씩씩하게 헤쳐나갈 성인으로 이끌며 부모인 우리는 우리의 삶을 잃지 말아야 할 것입니다. 그래서 이제 부모기의 마지막 단계인 '새로운 출발 단계'를 본격적으로 준비하려고 합니다. 아이가 세상으로 한 걸음 나아간 만큼 저의 삶에 한 걸음 더 집중하면서요.

주말에 친정 나들이를 가면 아버지는 "너희들이 와서 반갑다" 하십니다. 그리고 집으로 돌아올 때 "다음에 또 올게요" 인사드리면 "잘 놀다 가는 뒷모습은 더 반갑다. 어서 가라"고 하십니다. 아이들이 떠나갈 때 같은 이야기를 해주고 싶습니다.

"너희들이 우리 인생에 들어와 줘서 반가웠어. 그리고 건강하게 떠나가니 더 반가워."

내 아이를 위한 부모의 작은 철학(개정판)

볼프강 펠처 지음 | 도현정 옮김
미르북컴퍼니
2016년 7월

'어떤 부모가 될 것인가?'에 대한 답을 저자의 경험과 교육학적, 철학적 지식을 바탕으로 찾아갑니다. 저는 유명인들의 육아기를 좋아합니다. 멋진 연설로 청중을 휘어잡는 연사도, 수천 명 직원을 거느린 CEO도 아이가 태어나면 뒤죽박죽이 된 일상에서 오는 혼돈을 호소하기 때문입니다. 이야기를 듣다 보면 '조금 더 가진 것이 많은 부모였다면, 조금 더 똑똑한 부모였다면…'이라는 미안함이 사라지며 '육아 앞에 만민이 평등하다'는 진실에 통쾌(?)해지는 기분이거든요. 저명한 교육자인 저자조차 아이가 태어난 뒤 "돌아갈 집은 있어도 쉴 수 있는 집은 없었다"고 고백하는 모습에 웃음이 나면서도 그 모든 걸 '부모가 되는 과정'으로 담담히 받아들이는 태도를 배울 수 있었습니다.

같이 생각해봐요

- 부모가 되고 달라진 점은 무엇인가요?
- 아이가 독립한 뒤, 나는 어떤 모습으로 살고 싶나요?

부모가 되니 아이의 성장을 지켜보는 것도 행복하지만

내가 변해가는 것을 지켜보는 것도 즐겁습니다.

이래서 아이가 부모를 만든다고 하는 것 아닐까요?

정답 :

사회적인 통념에서 벗어나기

《미니멀 육아의 행복》을 읽고

부모가 되고 세 가지의 (앞으로 더 있겠지만) 한계를 경험했습니다. 아이가 태어나자마자 두 시간 간격으로 깰 때 느꼈던 인내심의 한계, 잠을 잘 못 자는 생활이 이어져 잔병치레가 잦아지며 느끼는 체력의 한계 그리고 하늘을 날아다니는 새만 봐도 "왜?"라고 묻는 아이 앞에서 느낀 지식의 한계가 그것입니다. 그중 가장 곤란했던 것은 지식의 한계였습니다.

"저 새는 왜 날아다녀?"

"새니까."

"새니까 왜?"

"사람은 걷고, 물고기는 헤엄치고, 새는 하늘을 날아서 이동하는 거야."

"나는 날면 안 돼?"

"웅이는 사람이니까 못 날지."

"왜?"

너무도 당연한 것들을 말간 얼굴로 물어보니 딱히 답을 하지 못하는 제가 오히려 무능력하게 느껴졌습니다. 어떻게든 답을 하고 싶어서 머리를 쥐어짜도 같은 말을 되풀이하게 됩니다. 아무래도 안 되겠다 싶을 때 선배 부모들이 알려준 비장의 무기 "너는 어떻게 생각해?"라고 되물었습니다. 비로소 상황 종료. 잠시 평화를 즐기고 있으면 아이는 또 "근데 엄마~" 다른 것을 물어왔습니다. 왜 다들 '공포의 왜' 시기라고 하는지 실감했습니다.

그런데 밥은 왜 먹어야 하는지, 땅에 떨어진 음식은 왜 먹으면 안 되는지, 똥은 왜 똥색인지 아이의 질문에 답을 하며 저 역시 생각하게 되더군요. 어린이집에 가다 말고 주저앉아 쥐며느리를 집어 올리는 아이에게 "만지지 마!" 소리를 질렀다가 "왜 안 돼?" 질문을 받으면 "세균이 있을지도 몰라"라고 하면서도 '손만 잘 씻으면 괜찮을 텐데' 싶고, 저도 어렸을 때 쥐며느리를 가지고 놀던 때가 기억나 말꼬리를 흐렸습니다. 그리고 덧붙였습니다. "그러니까 어린이집에 가면 손부터 씻자."

조심조심 쥐며느리를 들어 올려 관찰하는 아이를 보며 그동안 안 된다고 한 것은 정말 위험해서가 아니라 그저 내가 번거로워서, 번거로운 일이 생길 것 같아서가 아니었나 싶었습니다. 그 뒤로는 아이가

"왜?"라고 물으면 "생각 좀 해볼게" 하고 잠깐 시간을 갖습니다. 그 시간 동안 당연시하던 것들이 당연하지 않았다는 것을 알기도 했고, 재치 있는 답을 찾기도 했습니다. '왜?' 질문에 답을 하는 대신 같이 궁금해한 뒤로 육아가 조금 더 재밌어졌습니다.

애착, 엄마가 찰싹 붙어 형성하는 것?

첫째도 둘째도 출산휴가에 육아휴직을 이어 쓴 뒤 복직했습니다. 지금도 일을 하고 있고요. 워킹맘으로 사는 것은 어떠냐고 물으신다면 생각과의 싸움이라고 답하고 싶습니다. 아이의 질문에 답을 해야 한다고 생각했을 때는 '공포의 왜' 시기였지만 아이의 질문을 같이 궁금해하며 육아가 재밌어진 것처럼 생각을 달리하며 워킹맘 생활이 할 만해진 순간들이 있거든요. 첫 번째가 애착(attachment, 愛着)입니다.

애착은 정신분석학자인 존 볼비John Bowlby가 처음 주창한 개념으로 아이가 어머니 또는 자신을 돌봐주는 양육자와 강한 정서적 유대를 맺는 것을 말합니다. 일본 정신의학 전문의인 오카다 다카시岡田尊司는 애착을 한 사람의 생애를 움직이는 가장 큰 토대를 형성한다는 점에서 '제2의 유전자'라고 할 정도로 중요성이 강조되고 있습니다.

복직을 앞두고 애착에 대해 한창 고민할 때 한 육아서를 접했습니

다. 책 속에는 이른바 '3·3·3 법칙'이 나왔는데요. 아이가 만 3세까지
는 최소한 하루 3시간 엄마 냄새를 맡게 해줘야 하고 3일 이상 아이 곁
을 비우면 안 된다는 것이었습니다. 다른 육아서들에서도 애착을 다루
며 '엄마'와 '직접 돌봄'을 강조했습니다. 그러니 복직을 하면 낮에 떨어
져 있어야 하는 저는 심란할 수밖에요.

'엄마'와 '직접 돌봄' 모두에 오해가 있었습니다. 볼비가 애착 이론
을 정립한 것은 1950년대. 당시 아이를 돌보는 역할이 대부분 엄마의
몫이다 보니 연구의 대상 자체가 엄마였습니다. 연구의 전제가 '돌보는
사람=엄마'이니 엄마의 중요성이 강조되는 것은 당연했습니다. 1970
년대 초 아동심리학자 마이클 루터Michael Rutter는 엄마와 아이와의 유대
관계를 재평가했습니다. 아이에게 애착은 중요하지만, 엄마 한 사람과
형성될 필요는 없다고 했습니다. 돌보는 사람에게서 분명하고 안정적
인 보살핌을 받는다면 아이는 정상적으로 자란다는 연구들이 속속 발
표됐습니다.

또 연구자들에 따르면 아이들은 엄마가 단순히 함께하는 것을 넘어
아이가 보내는 신호에 지속적이고 적절하게, 그리고 민감하게 반응할
때 안정적인 애착을 형성했습니다. 아이의 요구에 무관심하거나 양육
자의 기분에 따라 어떤 때는 반응하고 어떤 때는 반응하지 않으면 애착
을 제대로 형성하지 못했습니다. 애착을 형성하는 데는 물리적인 존재
여부보다 적절하게 반응하는 것이 중요하다는 것이 밝혀졌습니다. 결

국 함께하는 시간의 양보다 질, 엄마의 마음 상태가 중요하다는 것이었습니다.

워킹맘이라 낮 동안 아이와 떨어져 있는 것을 걱정하는 대신 엄마가 없는 동안 아이가 충분한 사랑과 안정적인 돌봄을 받을 환경을 마련합니다. 아이와 함께하는 동안 한 번 더 웃을 방법을 찾고 아이에게 건강한 에너지를 전하기 위해 나 자신을 건강한 에너지로 채웁니다.

애착은 생후 3년만 중요한 것도 아니었습니다. 발달심리학자인 고든 뉴펠드Gordon Neufeld는 "아이는 자신의 두 발로 설 수 있을 때까지, 스스로 생각할 수 있을 때까지, 그리고 스스로 방향을 정할 수 있을 때까지는 정서적으로 부모와 붙어 있어야 한다"라고 강조합니다. 적어도 성인이 될 때까지는 부모와의 정서적 유대가 중요하다는 말입니다. 다만 애착을 형성하는 방법은 다양해집니다. (애착을 형성하는 여섯 가지 방법 표 참고) 애착은 신체적인 접촉을 통해 형성되기 시작해 '정서적 친밀감으로 진화해 심리적 결합으로 발전'합니다.

공감합니다. 아이들이 어렸을 때는 신체적인 접촉을 기본으로 안정된 애착을 형성하기 위해 노력했다면 지금은 그 애착을 유지하고 발전시키는 데 집중합니다. 아이들과 여전히 틈만 나면 침대에서 뒹굴고 아이가 속상해할 때는 같은 마음으로 속상해하며 마음을 나눕니다. 웅이의 엄마여서, 결이의 엄마여서 행복하다고 때론 깜짝 편지를 써두고 귓속말로 비밀을 나눕니다. 이런 일들은 내 부모님이 곧 마흔을 앞둔 딸

뉴펠드가 제시하고 부모교육가인 수잔 스티펠만 Susan Stiffelman**이 해석한
'애착을 형성하는 여섯 가지 방법'***

근접성	상대와 같이 있고 싶은 욕망으로 새로운 관계를 시작한다.
동일성	가치와 관심사 등 공통점이 있다는 것을 알아낸다.
소속감·충성	나를 도와주는 상대방을 보며, 상대를 도와주며 '내 편'이 되어간다.
존재의 중요성	유대가 더욱더 깊어지면 내가 상대에게, 상대가 나에게 특별한 관계임을 확인받길 원한다.
애정	관계가 한층 더 깊어지며 사랑을 표현한다.
자신을 알리기	깊숙이 가까워지며 비밀을 공유하는 등 자신을 알리는 관계가 된다.

---

* 《캡틴 부모》(수잔 스티펠만 지음, 이승민 옮김, 로그인, 2018년) 72~76쪽 내용을 표로 정리했습니다.

인 나에게도 여전히 하시는 일이기도 하니 애착은 생후 3년을 넘어 살아있는 내내 중요합니다.

육아, 더하는 것이 아니라 빼는 것

복직을 하고 아이와 함께하는 시간이 줄어든 만큼 함께 있는 시간을 꽉 채워 쓰려고 했습니다. 아이에게 더 집중하고 더 밀착했습니다. 정확하게 말하면 함께 있는 동안 하나라도 더 해주려고 했습니다. 그러다 보니 늘 시간이 부족했고, 내 능력이 아쉬웠습니다.

반면《미니멀 육아의 행복》의 저자인 크리스틴 고Christine Koh와 아샤 돈페스트Asha Dornfest는 바쁜 부모들에게 "당신은 자신을 돌보고, 직장에서 업무를 수행하고, 인간관계를 원만히 유지하면서도 부모 노릇을 훌륭히 수행할 충분한 시간이 있다"고 말합니다. 부모 노릇이 정신 없고 고된 이유는 부모들이 무언가를 잘못하고 있어서가 아니라 다만 '너무 많은 것들' 속에서 허우적대고 있기 때문이라고요. 할 일, 욕구 등을 점검하면 '좋아하고 원하는 것들은 더 할 수 있고, 원치 않는 것들은 덜 할 수 있는 길'이 보인다는 것입니다.

돌아보니 저는 부모가 된 뒤로 더 많은 일을 한정된 시간에 욱여넣고 있었습니다. 할 일이 더 생겼으니 더 바쁘게 산 것이죠. 하지만 이미 꽉 찬 물 잔에 물을 더 부으면 넘쳐버릴 뿐입니다. 할 일이 더 생겼으면 점검을 하고 덜어내는 것이 먼저입니다. 무엇을 덜어내고 무엇을 채울지를 정하면 '덜' 애쓰면서도 '더' 행복할 수 있습니다. 이를 위해 저자들은 '어떻게 해야 이 모든 것들을 해낼 수 있을까'를 생각하는 대신에 '무엇이 가장 중요한 일일까'를 생각하라고 합니다. 우선순위를 정하는 것입니다.

저는 인생의 마지막 날, 내 삶에 충실했음에 만족하며 눈을 감기를 바랍니다. 내가 원하는 것에 소홀하지 않으며 내가 사랑해야 할 사람들을 충분히 사랑하고 싶습니다. 균형 있는 삶은 제 삶에서 최우선과제입니다. 직장이 정신없다는 이유로, 부모가 되어 더 정신없다는 이유로 어느 순간 잊고 지내고 있더군요.

그래서 1년 단위로 일-육아-나 사이에서의 우선순위를 점검하기로 했습니다. 아이가 태어나고 1년은 '육아 〉 나 〉 일'이었습니다. 복직한 직후는 복직은 했지만 아이들이 어렸기에 '육아 〉 일 〉 나'로 조정했고, 아이들이 대여섯 살이 되어 손이 덜 갈 때는 '일 〉 육아 〉 나'로 다시 조정했습니다. 첫째가 초등학교에 들어간 올해의 우선순위는 '육아 〉 일 〉 나' 입니다. 이렇게 우선순위를 정한 것은 육아와 일이 충돌할 때 육아를 택한다는 뜻입니다. 업무평가에서 다소 낮은 점수를 받게 되더라도 감내합니다.

생각해보면 '좋은 부모가 되고 싶다'는 바람 앞에는 '내 아이에게'라는 말이 빠져 있었습니다. 다른 사람들 눈에 좋은 부모가 아닌, '내 아이에게' 좋은 부모가 된다면 그것이 부모로서의 진정한 성공 아닐까요.

일주일 단위로 세부적인 우선순위를 한 번 더 정합니다. 육아, 일, 나 역할에 따른 할 일을 적고 이번 주에 꼭 끝내야 할, 해야 할 순위로 정리합니다. 가장 위에 적은 세 가지는 꼭 지키려고 합니다. 일주일 동안의 과제이며 '기준점'입니다. 급한 일이 생기면 세 가지보다 중요한가를 따지고 중요하지 않다면 미뤄둡니다.

시간의 질을 높인다는 것은 시간을 꽉 채워 쓴다는 말이 아니었습니다. 그 시간을 투자할 일을 선택하고 그 시간 동안 그 일에 집중한다는 뜻이었습니다. 저자들은 책에서 즐거움에 집중할 것을 강조했습니다. 저자들이 말하는 즐거움이란 "마음 깊이 소중하다고 느끼는 가치관을 배신하지 않고 그것과 어깨를 나란히 한 채 살라는 것"입니다. 바쁠 만한 일로 바쁠 땐 힘들지 않습니다. 뿌듯합니다.

이전에는 회사에서 갑자기 중요한 일을 담당하게 되면 퇴근을 늦춰 근무 시간을 확보했지만, 이제는 어떤 일을 덜어낼까를 고민합니다.

부모로서의 성공, '내 아이'의 좋은 부모 되기

부모 노릇이 어려운 이유 중 하나는 정답이 없다는 것입니다. '아이가 백 명이면 육아법도 백 개, 아이가 천 명이면 육아법도 천 개'라는 말처럼 아이마다 기질이 다르고 부모의 성격도 다르고 가정환경 등도 다

룹니다. 이런 것들이 모두 육아에 영향을 끼치니 그 조합은 무한 확장합니다. 당장 두 아이를 키우는 저만 해도 첫째를 대하는 방식과 둘째를 대하는 방식이 다릅니다. 붙임성이 좋아 마주치는 사람마다 인사를 건네는 첫째와 일 년을 매일 봐야 겨우 인사를 하는 둘째를 같은 방식으로 대할 수는 없습니다.

반면 정답이 없어서 훈수 두기는 쉽습니다. 아침 등원 길에 아이 가방을 제가 메고 걸어가는데 한 어르신께서 "애 가방은 애가 메야지. 요즘 부모들은 아이들을 너무 오냐오냐 키워" 혀를 차셨습니다. 그래서 다음 날 아이한테 가방을 메게 했더니 또 다른 어르신께서 "저 어린 게 저만한 가방을 메고 가네. 엄마가 좀 들어주지"라고 핀잔을 주시더군요. 머쓱해 발걸음을 재촉하며 '어제 만난 어르신을 오늘 만났다면 '아이 씩씩하게 키우고 있네'라고 칭찬을 받고 오늘 만난 어르신을 어제 만났더라면 '엄마 가방 하나만도 무거울 텐데 애 가방까지 메느라 힘들겠네'라고 격려를 받았을까' 생각이 들었습니다.

역할이 생기니 인정받고 싶은 욕구도 생깁니다. 부모라는 역할도 마찬가지입니다. 나에게도 아이에게도 특히 중요하기에 더 인정받고 싶습니다. '좋은 부모'라는 말을 듣고 싶습니다. 그런데 육아는 정답은 없고 사회적인 잣대는 높으니 인정받기가 쉽지 않습니다. 부모 개인의 기대도 높고요. 그래서인지 아이를 키우며 자존감이 무너졌다는 부모들을 자주 봅니다.

자존감: 자신의 능력과 가치에 대한 전반적인 평가와 태도

사람은 타인과의 의사소통이나 사회적인 경험을 하며 자신에 대해 알아갑니다. 이렇게 쌓인 정보들을 바탕으로 자신을 긍정적 혹은 부정적으로 평가하게 되는 것이 자존감입니다. 아직 자신에 대한 가치를 모르는 아이에게 부모의 반응은 자존감을 형성하는 기초가 됩니다. 마찬가지인 것 같습니다. 부모가 된 초기에는 내가 괜찮은 부모인지에 대한 자신이 없기에 주변의 이야기가 더 신경 쓰였습니다. 열심히 한다고는 하는데 눈에 보이는 성과가 없으니 아이가 잘 자라고 있는 건지, 내가 잘하는 건지 가늠하기 어렵기도 했고요. 그러다 보니 '부모 자존감'이 어떤 말을 들었느냐에 따라 파도를 타더군요.

귀를 닫았습니다. "저 잘하고 있어요?" 주변에 묻지 않고 "나 잘하고 있지?" 나에게 묻습니다. 내 아이를 가장 가까이에서 관찰하는 내가 내린 결정을 지지합니다. 그래도 의심이 들면 아이를 한 번 더 보려고 합니다. 나의 반응이 아이 자존감을 형성하는 기초가 된 것처럼 아이의 웃음을 내 부모 자존감의 씨앗으로 여깁니다.

생각해보면 '좋은 부모가 되고 싶다'는 바람 앞에는 '내 아이에게'라는 말이 빠져 있었습니다. 다른 사람들 눈에 좋은 부모가 아닌, '내 아이에게' 좋은 부모가 된다면 그것이 부모로서의 진정한 성공 아닐까요.

미니멀 육아의 행복

크리스틴 고·아샤 돈페스트 지음 | 곽세라 옮김
북하우스
2014년 4월

정신없이 바쁜 부모들에게 선택과 집중하는 법을, 그래서 더 행복해지는 법을 알려줍니다. 잠든 아이를 보고 있으면 '더 잘할게'라고 다짐하게 되지요. 하나의 다짐 같지만 자세히 뜯어보면 '더 잘할게'는 두 가지 다짐입니다. '더 할게'와 '잘할게.' 부모는 아이에게 더 많은 것을 주고 싶습니다. 그래서 더 많이 하게 되지요. 하지만 안타깝게도 더 많이 하는 것과 잘하는 것은 다릅니다. 그래서 저자들은 '미니멀 육아'를 제안합니다. 적게 주라는 것이 아닙니다. 더 주고 싶다면 덜 하라는 말입니다. 일상을 덜어내고 남들의 시선을 덜어내라는 뜻입니다. 저자들의 시선을 따라가다 보면 '더 잘할게'의 방점이 '더'에서 '잘'로 옮겨가는 것을 느낍니다.

같이 생각해봐요

● 아이와 어떤 순간에 가장 행복하세요?

● 내가 생각하는 부모란 _____ 다.

부모 노릇이 무거울 땐

사회에서 말하는 '정답'을 내려놔 보세요.

그리고 '나만의 정답'을 정의하고 추구할 때

부모 노릇이 조금은 가볍고 즐거워질 것입니다.

균
형 :

아이와 나 사이의 '건강한 거리' 찾기

《관계를 읽는 시간》을 읽고

첫째와 둘째가 다닌 어린이집이 집 근처에 있다 보니 졸업한 뒤에도 일주일에 서너 번은 지나치게 됩니다. 매년 3월이면 등원 시간마다 새로 들어온 아이들의 울음소리가 쟁쟁합니다. 아이들의 울음소리가 잦아들면 이제 모두 교실로 들어갔구나 싶어 제가 다 안도의 한숨을 쉴 정도로요. 그리고 문밖에서 귀 쫑긋 세우고 대기하고 있을 엄마들이 그려집니다.

첫째가 처음 등원하던 날, 눈물이 그렁그렁해 선생님 손을 잡고 교실에 들어가는 아이가 마음에 걸려 한참 동안 문 앞을 서성였습니다. 저와 같은 이유로 꽤 많은 엄마가 어린이집을 떠나지 못했습니다. 현관문 밖으로 울음소리가 새어 나오면 서로 '우리 아이인가?' 웅성댔던 기억이 납니다.

하루는 원장선생님께서 나오셨습니다. "아이들 모두 안정되었고 잘 놀고 있어요. 어머니들 여기 계실 필요 없습니다. 많이 힘들어하는 아이가 있으면 전화드릴 테니 안심하고 집으로 돌아가세요" 마침 엄마들끼리 "울면서 들어가도 웃으면서 나오더라. 선생님께 여쭤보니 막상 교실에 들어가면 울음 뚝 그친다더라"는 이야기를 나누고 있던 참이었습니다. 엄마들이 발길을 돌렸습니다.

아이가 주 양육자와 떨어질 때 불안해하는 반응을 분리불안이라고 합니다. 어린이집에 들어가며 우는 것이 대표적입니다. 그런데 아이를 키우다 보니 반대로 주 양육자의 분리불안도 있는 것 같습니다. 아이와 떨어질 때 주 양육자도 불안해하는 것이죠. 제가 어린이집 현관 앞을 떠나지 못했던 것처럼요. 원장선생님의 말씀처럼 아이는 잠시 울긴 했지만, 교실에 들어가면 친구들과 잘 어울렸습니다. 오히려 더 긴 시간 분리불안에 시달린 것은 저였습니다. 아이의 분리불안이 자연스러운 것처럼 주 양육자의 분리불안도 자연스러운 현상입니다. 한 몸처럼 붙어 있다가 떨어지는 것이니 당연하지요. 하지만 과도한 분리불안이 아이에게 도움이 되지 않는 것처럼 주 양육자에게도 도움이 되지 않습니다.

부모와 아이 사이, 경계선이 허물어질 때

"왜 나는 사랑에 빠지면 '나'를 잃어버릴까? 남자를 위해 자기를 포기하면 그를 사랑할 '나'를 잃어버린다. 그를 사랑하기 전에 나를 사랑하는 힘을 키워라!"

서점에 갔다가 눈에 띈《자존감 없는 사랑에 대하여》표지에 적혀 있던 문구입니다. 연애할 때 여성의 심리를 다룬 책인데 '왜 나는 아이를 낳고 '나'를 잃어버린 것 같을까?' 고민하던 저에게는 사랑에 빠진 여자가 아니라 아이에게 푹 빠진 엄마의 이야기로 읽혔습니다. '아이를 위해 자기를 포기하면 아이를 사랑할 나를 잃어버린다. 아이를 사랑하기 전에 나를 사랑하는 힘을 키워라' 남자 대신 아이를 넣어도 문장은 완벽하게 뜻이 통했습니다.

저자이자 심리치료사인 비벨리 엔젤Beverly Engel은 이 책에서 여성들은 사랑에 빠지면 '자기'를 잃어가는 '자기 상실 증상Disappearing Woman Syndrome'에 시달리는 경우가 많다고 말합니다. 독일의 정신분석학자인 어니스트 하트만Ernest Hartman이 주장한 '자아 경계'라는 개념을 빌어 설명했는데요. 개인과 개인 사이의 경계가 약한, 즉 '약한 경계'가 나타나기 때문이라는 것입니다. 경계가 약하면 남과의 경계에 빨리 그리고 깊숙이 들어가고 자의식이 사라지게 됩니다.

정신경영아카데미 대표인 문요한 정신건강의학과 전문의도 '바운더리'라는 개념을 들어 비슷하게 설명합니다. 바운더리는 '인간관계에서 나타나는 자아와 대상과의 경계이자 통로'로 몸으로 치면 피부와 같습니다. 피부를 통해 나와 외부의 경계를 확인하듯 자아도 '바운더리'가 있어 자신의 심리적 형체를 유지하며 살아갈 수 있다는 것입니다. 즉, 바운더리가 있어 나와 너, 내 것과 네 것, 내 생각과 네 생각 등 나와 나 아닌 것을 구분하고 외부로부터 나를 보호할 수 있습니다. 하트만이 '약한 경계'를 설명한 것처럼 바운더리도 '희미한 바운더리vague boundary'가 있습니다. 바운더리가 희미하면 자기 세계가 약하고 외부 세계에 휩쓸리기 쉽습니다. 다른 사람의 삶에도 지나치게 관여하기 쉽고요. 반대로 바운더리가 경직(경직된 바운더리rigid boundary)되어 있다면 교류가 일어나지 않고 혼자만의 세계에 갇혀 지내게 됩니다. 둘 다 바람직하지 않습니다. 건강한 바운더리는 '자신을 보호할 만큼 충분히 튼튼하되 동시에 다른 사람들과 친밀하게 교류할 수 있을 만큼 개방적'이어야 합니다.

아차 싶었습니다. 부모가 되고는 아이가 잘 때 자고 깨면 깨고, 아이가 웃으면 웃고 울면 우니 '오즉여 여즉오吾則汝 汝則吾, 나는 너고 너는 나다'라는 말처럼 내가 아이 같고 아이가 나 같았습니다. 아이와 나의 경계를 허물고 기꺼이 한 몸이 된 것입니다.

문제라고 느낀 적 없습니다. 엄마는 응당 아이와 한 몸이어야 하는 줄 알았습니다. 그러면서도 '김아연'과 '웅이 엄마', '결이 엄마'를 맞바

꾼 것 같아 울적했고 짧은 머리를 겨우 동여맨 내가 초라해 거울을 보지 않았습니다. 엄마가 됐으니 당연히 감내해야 할 일이라고 생각했는데 아니었습니다. 태어날 때는 자신과 엄마를 한 몸이라고 생각하는 아이도 생후 5~6개월부터는 엄마와 자신을 독립적인 개체로 인식하는 분리개별화를 시작합니다. 부모 또한 아이와 분리되어야 합니다.

지속적으로 밀착되어 있는 것은 아이에게도 득이 되지 않습니다. 문요한 전문의는 "가까워질수록 결국 상대가 상대의 모습대로가 아니라 내 기대대로 존재하기를 바라는 욕구가 커진다"고 말합니다. 상대방이 나와 다른 마음을 가진 독립적인 존재라는 사실을 잊는다는 것입니다. "엄마가 네 마음 다 알지. 엄마가 알아서 할게"라고 하던 내 모습이 떠올랐습니다. 이 관계가 지속되면 아이는 저에게 의존하게 될 것입니다.

엄마의 할 일은 아이와 한 몸이 되는 것이 아닌, 아이와 건강한 관계를 맺는 것이었습니다. 건강한 관계를 맺으려면 건강한 거리를 유지해야 합니다. 건강한 거리에는 '자아 상실 증상'에 시달리지 않을 건강한 바운더리가 필요합니다. 아이 앞에서 희미해진 바운더리를 다시 충분히 세우기로 했습니다.

건강한 바운더리를 위한 다섯 가지 능력

문요한 전문의는 건강한 바운더리를 가지려면 다섯 가지 능력이 필요하다고 했습니다. 부모 입장에서 재해석해 실천하고 있습니다.

건강한 바운더리를 위해 필요한 능력*

관계 조절 능력	대상과 친밀도에 따라 그 깊이와 거리를 조율하며 관계를 맺음
상호존중감	나에게 좋은 것이라 해도 상대는 싫어할 수 있다는 것, 상대와 나의 차이는 옳고 그름의 문제가 아니라 관점의 차이임을 알고 있음
마음을 헤아리는 능력	상대의 고통을 안타까워하며 위로와 친절을 베풀지만, 그렇다고 상대의 삶을 책임지려 하거나 휘두르려 하지 않음
갈등을 회복하는 능력	관계가 가까워질수록 갈등을 피할 수 없다는 사실을 받아들임. 갈등을 풀어냄으로써 좋은 관계를 만들려고 함
솔직한 자기표현	자신의 마음에 바탕을 두고, 상대를 배려한 부드러운 솔직함

*　《관계를 읽는 시간》(문요한 지음, 더퀘스트, 2018년) 책에 나온 내용을 표로 정리했습니다.

1_관계 조절 능력

EBS 〈다큐프라임 – 마더쇼크〉에서 모성애에 관한 실험을 한 적이 있습니다. 연구팀은 엄마들에게 특정 단어를 제시하며 자신과 잘 어울린다고 생각하면 네, 어울리지 않는다고 생각하면 아니요 버튼을 누르게 했습니다. 같은 방식으로 타인, 그리고 본인의 아이를 제시하며 실험을 진행했습니다. 그리고 뇌 스캔을 통해 어느 영역이 활성화되었는지를 살폈죠. 그랬더니 엄마 자신을 떠올릴 때의 뇌와 타인을 떠올릴 때의 뇌는 다른 영역이 활성화되어 있었습니다. 반면 본인의 아이를 떠올릴 때는 자신을 떠올릴 때와 같은 영역이 활성화되었고요. 즉, 엄마는 아이를 '또 다른 나'인 것처럼 여긴다는 것입니다.

그래서 저는 '아이는 아이다. 또 다른 내가 아니다' 수시로 되새깁니다. 아이들의 성공에 아이보다 더 기뻐하지 않고 실패에 아이보다 더 속상해하지 않으려고 합니다. 성공에 가장 기뻐야 할 사람은 아이, 실패에 속상해야 하는 사람도 아이니까요. 특히 아이가 실수했을 때 '이 실수를 조카가 했다면 어떻게 반응했을까?' 가정해봅니다. 그러면 조금 더 이성적으로 반응할 수 있습니다.

2_상호존중감

남편과 저는 180도 다른 사람입니다. 저는 새벽형 인간 남편은 올빼미형 인간이고 저는 떡볶이의 떡만 먹고 남편은 어묵만 먹습니다.

엄마의 할 일은 아이와 한 몸이 되는 것이 아닌, 아이와 건강한 관계를 맺는 것이었습니다. 건강한 관계를 맺으려면 건강한 거리를 유지해야 합니다.

'이건 내가 좋아하니까 남편은 싫어하겠다' 생각하면 십중팔구 맞습니다. 이렇게 다른 두 사람이 결혼해 같이 사는 게 신기하다는 지인들도 있지만, 우리 부부는 서로가 틀린 것이 아니라 다른 것임을 알고 있습니다. 오히려 서로를 보며 '그렇게 생각할 수도 있구나', '이런 방법도 있구나'를 배울 수 있어 좋습니다. 그러다 보니 남편은 저의, 저는 남편의 '옵션 B'가 되어줍니다. 다른 방법이 없을 것 같을 때 서로에게 물어보면 생각하지 못한 방법을 알게 될 때가 많거든요.

아이와의 관계도 다르지 않은 것 같습니다. '나도 중요하고 너도 중요하다' 아이들과 자주 외는 말입니다. '내 생각도 중요하고 네 생각도 중요하다' 문제를 해결할 때마다 생각을 물으며 해주는 말입니다. 내 생각이 아이의 생각보다 낫다고 여기지 않습니다. 아이들의 생각이라고 가볍게 여기지 않으려고 합니다. 동등한 무게로 바라볼 때 저는 동등한 방법을 하나 더 얻고, 아이는 존중받는다고 느낍니다. 문요한 전문의가 "나와 너를 존중하되 우리의 영역을 넓혀가는 것이 건강한 관계"라고 말한 것처럼 각자를 온전한 한 사람으로 존중할 때 우리의 힘이 세집니다.

3_마음을 헤아리는 능력

어렸을 때 부모님께 "엄마는 나를 낳아놓고는 어떻게 내 마음을 몰라?" 투정을 부린 적이 있습니다. 엄마는 "자식 겉만 낳지 속까지 낳는 건 아니다"라고 하셨죠. 부모가 되니 그 말의 뜻을 알겠습니다. 내 속에서 나오긴 했는데 아이 속을 모르겠으니 답답할 노릇입니다. 그래서 더 궁금하고요.

부모가 되기 전에는 부모란 아이를 가장 잘 아는 사람인 줄 알았는 데 부모가 된 지금은 부모란 아이를 가장 궁금해하는 사람이라고 생각 합니다. 그리고 돌이켜보면 부모님이 제 마음을 물어봐주실 때 감사했 습니다. 관심이 있는 만큼 궁금한 것이니까요.

"기분이 어때?" 자주 묻습니다. "오늘 뭐 했어?"는 가급적 묻지 않습 니다. 마음은 궁금해하되 일상은 관찰할 때 더 많은 힌트를 얻게 되는 것 같거든요. 마음을 물을 때 아이의 마음을 넘겨짚지 않고, 일상은 관 찰할 때 간섭하지 않을 수 있습니다.

4_갈등을 회복하는 능력

태어나 지금까지 저와 가장 많이 다툰 사람은 두 살 터울의 언니입 니다. 태어나 지금까지 가장 많은 추억이 있는 사람도 언니입니다. 언 젠가 한 번은 우리는 그렇게 많이 싸우면서도 부모님이 각자 방을 만 들어주신다고 해도 왜 굳이 같은 방을 썼을까를 두고 이야기를 한 적이 있습니다. 싸우면서도 방을 같이 쓰겠다고 고집했다기보다는 같은 방 을 쓰니 부딪힐 일이 많았던 것뿐이라는 결론을 내렸습니다. 같은 방을 썼으니 싸우기도 많이 했지만 화해할 기회도 많았다고요.

부모와 자식은 더하면 더했지 덜하진 않습니다. 가까운 사이인 이상 갈등을 피할 수는 없습니다. 잘 회복하는 방법을 익혀두는 것이 도움이 됩니다. 갈등이 생겼을 때 무조건 부모 말에 따르게 하는 것도 반대로 아이 뜻에 무조건 맞추는 것도 갈등을 회복하는 방법이 아닙니다. 저희 가족은 침대 회의를 통해 부모와 아이 모두 흡족하게 갈등을 풀어내려 합니다. (Chapter 2 참고)

5_솔직한 자기표현

아이와 건강한 바운더리를 유지하기 위해서는 아이가 '또 다른 나'가 아니라는 것을 주지하는 동시에 나는 부모라는 역할을 수행하는 한 명의 사람이라는 것을 기억해야 합니다. 특히 어린아이의 경우 자기 중심적으로 사고하는 특성상 부모의 기분이 좋으면 내 덕분에 좋고, 부모의 기분이 나쁘면 나 때문에 나쁘다고 생각합니다. '내가 무슨 잘못을 했나?' 불안해하죠. "엄마가 회사에서 힘든 일이 있었어", "엄마·아빠가 의견이 달라서 해결하는 중이야" 정확한 이유를 알려주어야 아이가 엉뚱한 불안에 시달리지 않습니다.

'희미한 바운더리'였을 때 문제 중 하나는 아이 위주로 생활을 하다 체력에 부치면 어느 순간 돌변해 바운더리를 철옹성처럼 쌓았다는 것입니다. 나를 보호하지 못했기 때문입니다. 내 상태를 세심히 살피고 아이에게도 알리면 아이가 내 영역을 존중하기 시작합니다. 가령 컨디션이 좋지 않을 때 "엄마 머리가 아픈데 움직이면 더 심해지는 것 같아"

솔직담백하게 말하면 어렸을 땐 "내가 호 해줄까?" 묻더니 조금 더 자라서는 "그럼 움직이지 말고 책 읽어줘"라고 했습니다. 얼마 전부터는 "침대 가서 누워 있어. 나 혼자 그림 그릴게"라는 식으로요. 내 한계까지 가지 않기 때문에 돌변할 일도 없습니다. 아이가 상처받을 일도 내가 자책할 일도 줄어듭니다.

아이는 내 소유물이 아니라 독립적인 존재라는 사실을 인정하고, 아이를 본인 삶의 주인으로 존중하며, 아이의 마음을 궁금해하고, 아이와의 갈등을 현명하게 풀어나가려고 합니다. 모든 바탕에는 아이만이 아닌 '나와 아이'를 동시에 두고요.

'건강한 바운더리'는 제 삶의 모든 관계에 확대하고 있습니다. 남편, 가족, 친구, 직장 동료 등 대상에 따라, 나를 더 허용해야 하는 혹은 덜 허용해야 하는 상황이 따라 다르게요. 아이들과의 연습이 제 삶에 도움이 된 것처럼 아이들도 저와 연습한 '건강한 바운더리' 지키기가 어른이 되어 세상과의 거리를 유지하는 데 도움이 되길 바랍니다.

이 책을 읽고 썼어요

관계를 읽는 시간

문요한 지음
더퀘스트
2018년 10월

부모와 아이 사이에 '건강한 거리'를 유지하며 '건강한 관계'를 맺을 수 있도록 도와주는 책입니다. 아이가 태어나고 가장 힘들었던 것은 수면부족도 아이의 울음소리도 아니었습니다. 내 이름 석자를 들었던 기억이 가물가물했을 때였습니다. 나는 사라지고 아이들의 엄마만 남은 것 같았습니다. 저자는 이를 '바운더리'가 희미해졌기 때문이라고 말합니다. 바운더리는 '나'와 '나 아닌 것'을 구분하게 하는 자아의 경계입니다. 부모와 어린 아이의 바운더리는 희미할 수밖에 없지만 자라며 단단하고 유연하게 바뀌어가야 합니다, 반드시!

같이 생각해봐요

- 나를 중심에 두고 아이, 남편(아내), 부모님, 친구, 직장 동료 등 나를 둘러 싼 사람들과의 적정한 거리를 그려보세요.
- 부모가 되고 의도치 않게 멀어진 사람은 없나요? 오늘 연락해보는 것, 어 떠세요?

한 발 떨어져 아이를 바라보면

'언제 이만큼 자랐지?' 놀랍습니다.

바로 그때 '이만큼 자란 아이와 나는

적당한 거리를 유지하고 있나?' 점검해보세요.

더 건강한 관계가 시작될 것입니다.

존재 :

부모는 신이 아니라 세상이다

《영혼이 강한 아이로 키워라》를 읽고

'하이, 토닥' 아동발달심리센터 정유진 소장을 인터뷰한 적이 있습니다. 마지막 질문으로 부모는 아이에게 어떤 존재가 되어야 하느냐고 물었습니다. 모든 질문에 척척 답을 내놓던 정 소장이 처음으로 뜸을 들였습니다. 어려운 질문이라고 웃더니 "부모는 아이의 리허설장"이라고 했습니다.

아이가 자신의 힘으로 먹고, 입고, 자기까지는 부모의 절대적인 보호 아래 있어야 하지만 그 이후의 과정에서 부모는 아이를 진짜 사회로 내보내기 전 모든 기능을 연습해보는 장場이 되어야 한다는 것입니다. 두 아이의 부모이기도 한 그는 본인의 이야기를 꺼냈습니다.

"첫째 아이를 키울 때는 아이의 요구를 1순위로 여기고 돌봤어요. 설거지하다가도 아이가 부르면 멈추고 달려갔고, 아이가 원하는 것은 가급적 들어줬죠. 그러다 둘째가 태어났습니다. 둘째가 배고프다고 울어서 허둥지둥 분유를 타고 있는데 여섯 살이던 첫째가 너무나 해맑게 놀아달라는 거예요. 동생은 바로 옆에서 자지러지게 울고 있고, 난 정말 그 울음에 혼비백산이 되어 있는데요. 그때 '아이의 뜻을 존중한다는 것이 도리어 아이가 상황을 보는 눈을 키우는 기회를 주지 않았던 거구나' 싶었습니다. 아기가 울면 어른은 달래야 하고, 그 상황에서는 기다리는 것이 예의라는 것을 가르치기 시작했어요."

'상황을 보는 눈'이 없이 사회에 나가면 눈치 없는 아이가 됩니다. 눈치가 없다고 눈총을 받으면 아이는 상처를 받고요. 악순환입니다. 그러니 부모는 아이가 상황을 보고, 상황에 맞게 행동할 수 있는 능력을 키워줘야 합니다. 첫 단계는 부모의 상황을 보게 하는 것입니다. 부모의 상황을 보지 못하는 아이는 어린이집이나 놀이터에서도 친구의 상황을 볼 수 없으니까요. 부모의 상황을 볼 수 있는 아이는 친구의 상황도 볼 수 있습니다.

그는 아이가 문제 행동을 보여 센터에 찾아온 부모들에게도 같은 조언을 한다고 했습니다.

"친구들과 어울리다 울어서 문제가 되는 아이의 경우 가장 먼저 할 일은 부모 앞에서 속상한 마음을 스스로 추스르고 말로 표현하는 법을 연습하는 거예요. 사회에서 이런 아이였으면 좋겠다 싶은 것은 부모인 나와 아이 사이에 먼저 익숙해져 있어야 합니다."

아이의 행복을 위한 조건

'신神은 모든 곳에 있을 수 없어 어머니를 보내셨다'

유대인 격언입니다. 중학생 때 접한 문구인데 처음 읽자마자 밑줄을 긋고 몇 번이나 되뇌었는지 모릅니다. 내 곁에 있는 엄마가 신을 대신하는 존재였다니, 숨겨져 있던 보물을 찾은 것 같았습니다. 천군만마를 얻은 느낌이었습니다. 이 문구는 한참을 잊고 지내다 부모가 되고 다시 떠올랐습니다. 이번엔 묵직했습니다. 내가 아이에게 신이 될 차례였으니까요.

아이를 처음 품에 안은 순간 마법처럼 모성이 샘솟을 줄 알았습니다. 아니었습니다. 모성은 아이를 돌보고 부대끼며 조금씩 커지는 것이었습니다. 아이를 처음 품에 안은 순간 가장 크게 느껴진 것은 책임감이었습니다. '몸도 마음도 다치지 않게 해줄게. 행복하게 해줄게'라고 다짐했습니다. 그리고 무얼 해줘야 할까 고민했고, 아이가 불편하거나 힘들게 느낄 일들을 미리 차단했습니다. 어린 시절 부모님이 "내 품에 있을 때라도 마음 놓고 즐겨라. 엄마·아빠가 지켜줄게"라고 입버릇처럼 하셨던 것과 같은 마음이었습니다. 세상이 험할수록 더 강한 부모가 되어 아이를 더 단단히 지키려 했습니다.

첫째가 어린이집에 다니고 얼마 지나지 않았을 때의 일입니다. 늘 저의 꽁무니만 따라다니던 아이가 "어린이집 가자~"고 하면 현관문에 앉아 스스로 신발을 신으려 했습니다. 내 손바닥보다 작은 발을 오른쪽 왼쪽 구분하지도 못하면서 무조건 신발에 넣으려고 하는 게 귀여웠습니다. 동시에 안쓰러워 "엄마가 해줄게" 나섰습니다. "아냐! 내가!"라고 도움을 거절해도 "힘들잖아. 엄마가 금방 신겨줄게"라고 했습니다. 사실 하원 시간에 어린이집 로비에 고만고만한 아이들이 주저앉아 신발과 싸우고(?) 있는 모습이 마음에 걸리던 참이었습니다. '선생님이 바쁘신가' 싶어 둘러보면 옆에 쪼그리고 앉아 아이들을 지켜보고 계셨습니다. '어차피 옆에 계실 거면 아이들 좀 도와주시지' 불만이 가득 찰 때쯤 알림장이 왔습니다.

"어머니, 어제는 웅이가 스스로 신발을 벗고 스스로 신었어요. 혼자 해보는 것이 처음이라 힘들었을 텐데 끝까지 포기하지 않는 모습이 참 예뻤습니다. 웅이도 뿌듯했는지 신발을 신고는 저와 하이파이브를 나누고 다른 선생님들께도 자랑했어요. 칭찬 많이 해주시고 집에서도 혼자 해볼 수 있게 기다려주세요."

"힘들잖아. 엄마가 해줄게"라며 대신해주던 저와 옆에서 지켜보던 선생님이 오버랩됐습니다. 편하게 집을 나서던 아이와 뿌듯해 하이파이브하는 아이가 오버랩됐습니다. 어떨 때 아이가 더 행복했을까, 깊이 생각하지 않아도 답은 명확했습니다. 아이를 편하게 하는 것과 행복은

별개일 수 있다는 것을 그때 처음 깨달았습니다.

행복에 관한 세계적인 연구가 있습니다. '행복한 삶에 공식이 있을까?'라는 질문에서 출발한 일명 '하버드 그랜트 연구Harvard Grant Study'입니다. 연구진은 1937년에 하버드대학교 2학년에 재학 중이던 268명의 신체적·정신적 건강, 결혼 생활, 일, 취미, 대인관계 등을 72년 동안 추적 조사했습니다. 그 결과 △고통에 대응하는 능력 △교육 △안정된 결혼 생활 △금연 △금주 △운동 △적당한 체중 등이 행복한 삶을 좌우하는 일곱 가지 요인이었다고 밝혔습니다. 그중 가장 중요한 요인은 다름 아닌 고통에 대응하는 능력이었습니다.

이 연구는 그동안 아이를 행복하게 해주고 싶은 마음에 어떻게 하면 고통을 피하게 해줄까만 고민했던 저에게 뜨끔한 일침이었습니다. '엄마가 신겨줄게' 나섰던 것도 낑낑대며 애쓰는 게 힘들어 보여서였으니까요. 그 당시엔 마침내 혼자 신발을 신었을 때 아이가 얼마나 뿌듯할지, 얼마큼 자랄지는 생각하지 못했습니다. "혼자 해볼 수 있게 기다려주세요"라는 선생님의 말씀에는 지금은 혼자 신기 힘들지만, 마음대로 신어지지 않아 짜증이 나고 속이 상하지만, 그 어려움을 이기고 노력할 수 있게 시간을 주고 격려하라는 뜻이 담겨 있었습니다. 부모가 아이를 행복하게 만드는 것이 아닌 아이가 스스로 행복을 쟁취할 수 있게요.

부모는 아이 대신 살아주는 사람이 아니다

고등학생 때 학교에 괴짜로 유명한 선생님이 계셨습니다. 쉽고 재미있게 수업을 해서 학생들 사이에 인기가 높았는데 가끔 "이 부분은 오늘 수업에서 가장 중요한 부분이야. 그래서 일부러 어렵게 설명할 거다"라고 하셨습니다. 학생들이 '우~~' 야유를 하며 쉽게 설명해달라고 해도 소용없었습니다. 정말 어렵게 설명하셨습니다. 어렵게 설명을 해야 이해하려고 노력하고, 그래야 기억에 더 잘 남는다는 것이 이유였습니다. 야유는 했지만 선생님이 옳았습니다. 어렵게 배운 부분은 시험에서 틀리지 않았습니다. 알고 보니 인지심리학에서는 이런 경우를 '바람직한 어려움desirable difficulties'이라고 부르더군요. 쉽게 배우면 쉽게 잊고, 어렵게 배우면 어렵게 잊는다는 것입니다. 물론 공부에만 국한된 이야기는 아닙니다. 사람은 어려움을 극복하고 이루었을 때 인지적·정신적으로 크게 성장합니다.

육아에 적용해보기로 했습니다. 아이가 어려움을 마주했을 때, 그 어려움이 아이가 극복할 수 있는 수준이라면 한 발 빠지는 것입니다. 부모가 한 발 빠질 때 아이는 자연스럽게 어려움에 한 발 다가서게 되니까요. '엄마가 지켜줄게. 걱정 마'에서 '엄마 품 안에 있을 때 다 해봐. 성공도 실패도 괜찮아. 엄마가 응원할게'로 태도를 바꿨습니다. 저에게 이 과정은 '부모는 신을 대신하는 존재'라는 생각을 내려놓는 것과 같았습니다. 마음 같아서는 아이가 마주할 어려움을 평생, 모두 막고 싶지만, 현실적으로는 그럴 수 없다는 것을 알고 있습니다. 가능하다 하더라도 바람직하지 않다는 것도 이제는 알았습니다. 부모가 아무리 애달파도 결국은 아이의 인생입니다. 그렇다면 부모 품 안에 있을 때 작은 어려움에 좌절하고 다시 일어서는 법을 익히는 것이 낫습니다. 프랑스의 아동발달심리학자 디디에 플뢰Didier Pleux의 말처럼 아이의 균형 있는 성장 발달을 위해서는 사랑과 좌절이 동시에 필요합니다.

비슷한 맥락에서 아주대학교 정신건강의학과 교수인 조선미 박사는 양육의 키워드가 바뀌어야 한다고 주장합니다. 아이의 행복을 바란다면 '영혼이 강한 아이'로 키워야 한다는 것입니다. 조 박사에 따르면 '영혼은 내 마음을 어떻게 움직여야 격한 감정이 가라앉는지, 누구를 먼저 보살피고 배려해야 하는지, 이 문제에 부딪히는 것이 내 삶에 어떤 의미인지, 궁극적으로 어떻게 해야 행복하게 살 수 있는지를 위해 목표를 설정하고 우리를 이끌어가는 정신의 중심'입니다.

영혼이 강한 아이로 키우려면 부모는 아이가 현실을 건강하게 마주하도록 이끌어야 합니다. 현실에서 겪을 수 있는 고통을 최소화하는 것이 아니라 세상에는 싫어도 해야 하는 일이 있고 하고 싶어도 참아야 하는 일이 있다는 현실을 이성적으로 이해해 받아들일 수 있도록 말입니다.

그러기 위해 조 박사는 두 가지를 강조했습니다. 첫째, 부모는 아이에게 세상입니다. 아이는 태어나서 처음으로 상호작용하는 부모의 반응을 세상의 반응으로 받아들입니다. '엄마가 다정하게 나를 돌봐준다'고 느끼는 것을 넘어 이 세상이 나를 환영해주고, 호의적으로 대한다는 기본적인 신뢰감을 느낀다는 것입니다. 그러니 부모는 '아이에게 무엇을 해줄지가 아니라 어떻게 반응할지'를 고민해야 합니다.

둘째, 부모는 아이에게 거울입니다. 아이는 자신의 실제 모습이 어떠하든 간에 부모가 말하는 이미지를 자신이라고 받아들입니다. 가령 부모가 아이에게 "정말 사랑스럽구나"라고 반응하면 아이는 자신을 사랑스러운 사람으로 여기고 다른 사람에게도 환영받을 수 있다고 믿습니다. 반면 "넌 왜 그 모양이니"라는 말을 자주 들은 아이는 자신이 무능력하다고 느끼게 됩니다. '말이 씨가 된다'는 말처럼 부모가 품은 이미지가 아이에게 자기충족적 예언self-fulfilling prophecy으로 작용하니 섣부른 판단을 말아야 합니다.

아이는 부모를 통해 세상을 바라본다

아이가 자라며 '부모는 아이의 세상'이라는 말이 더 크게 와닿습니다. 아이는 어렸을 때 내가 아이를 대하는 방식을 세상이 아이를 대하는 방식으로 받아들였다면 자랄수록 점점 내가 세상을 보는 방식으로 아이도 세상을 바라보는 것 같습니다. 어제만 해도 공원을 산책하다 몸집이 큰 강아지가 짖어대자 둘째가 뛰어와 제 품으로 파고들었습니다. 빼꼼히 올려다보길래 "괜찮아"라고 하니 안도한 표정으로 강아지를 다시 보더군요. 꼭 '겁낼 필요 없구나. 별일 없겠구나'라고 안심하는 것 같습니다. 제가 일종의 해석기인 셈입니다.

이런 일도 있었습니다. 첫째가 39도 가까이 열이 나 병원에 갔더니 의사 선생님이 목이 많이 부어 있다고, 꽤 아팠을 것이라고 하셨습니다. 깜짝 놀라 "워낙 잘 놀아서 열이 39도인지 몰랐다. 얼굴이 달떠 살폈더니 열이 나고 있었다"고 하니 의사 선생님은 "그런 일이 종종 있다. 아이들은 고열일 때도 엄마가 괜찮다, 괜찮다고 하면 정말 괜찮은 줄 알고 잘 놀고 잘 먹는다. 아플 때도 정서적인 영향을 크게 받기 때문이다. 옛날부터 아이들이 배가 아프면 '엄마 손은 약손'이라고 노래를 부르며 배를 문질러준 이유가 있다"고 하시더군요. 다행이다 싶으면서도 허탈해 "아이들은 참 단순하네요" 피식 웃으니 "그만큼 부모의 영향력이 큰 것"이라고 하셨습니다.

〈인생은 아름다워〉(1997)란 영화가 있습니다. 제2차 세계대전을 배경으로 했는데, 주인공 귀도(로베르토 베니니 분)는 나치의 유대인 수용소에 아들 조수아(조르지오 칸타리니 분)와 함께 갇히자 아들을 안심시키기 위해 수용소 생활을 단체게임이라고 속입니다. 1,000점을 가장 먼저 따는 사람은 상으로 진짜 탱크를 받는다고 하면서요. 덕분에 조수아는 수용소 안에서도 희망을 잃지 않고 웃으며 지냅니다. 영화를 보는 내내 죽음의 공포를 흥미진진한 게임으로 바꾼 부성애에 눈물이 나면서도 귀도가 단지 조수아를 위해서만, 조수아 앞에서만 그렇게 생각했을까 궁금했습니다. 아닐 것 같습니다. 조수아에게 말하기 전 그는 이건 게임이라고 스스로 주문을 먼저 걸었을 것입니다. '척'에는 한계가 있고 아이들은 그 '척'을 알아채는 귀신이니까요.

아이가 나를 통해 세상을 바라본다는 것을 깨달은 뒤로 세상을 보는 눈을 바꾸고 있습니다. '부모로서 아이에게 세상을 어떻게 보여줘야 하나'라는 고민은 '나는 세상을 어떻게 바라보고 있나'는 점검으로 마무리되었습니다.

실패를 대하는 태도부터 바꿨습니다. 실패하면 '이번에도 잘 안 됐네' 한숨을 쉬곤 했습니다. 다들 잘하는데 나는 왜 자꾸 실패하는지 억울했고, 어차피 이렇게 될 걸 괜히 노력했나 후회했습니다. 아이가 새로운 시도를 하고 실패했을 때는 위로하기 바빴습니다. 그런데 위로를 하면서도 찜찜하더군요. 아이는 새로운 시도를 했고, 그 시도 자체는 칭찬받아 마땅하니까요. 실패 또한 경험입니다. 경험을 통해 배운 것이 있다면 실패라고 할 수 없을 것입니다. 그렇다면 실패를 위로할 것이 아니라 실패를 통해 무엇을 배웠나를 볼 수 있으면 됩니다.

이제 실패를 하면 "안 통하는 방법 하나 배웠다" 웃습니다. "다른 방

법 찾아볼까?" 한 번 더 힘을 내고요. 아이들도 닮아갑니다. "엄마! 안
돼!" 울음부터 터뜨리던 녀석들이 "엄마, 이건 아니었나 봐" 5분쯤 거실
을 구르고 벌떡 일어나 "또 해보지 뭐!" 파이팅하고요. 그 모습이 예뻐
저도 실패를 했을 때 "안 통하는 방법 하나 배웠다" 더 크게 외칩니다.

영혼이 강한 아이로 키워라

조선미 지음
쌤앤파커스
2013년 5월

고통에 처한 아이를 어떻게 대해야 하는지를 알려줍니다. 영혼이 강한 아이에게 고통은 성장의 기회이기도 합니다. 넘어진 적 없는 아이보다 넘어져도 일어서는 아이로 키우고 싶었습니다. 그러려면 넘어질 게 뻔히 보이는 순간에도 장애물을 그대로 두는 부모가 되어야 합니다. 넘어져야 일어설 기회가 생기니까요. 하지만 눈에 넣어도 아프지 않은 자식이 넘어지는 걸 가만히 지켜보는 것은 쉽지 않았습니다. 슬쩍 장애물을 치워준 날 이 책을 처음 읽고 뜨끔했습니다. 영혼이 강한 아이로 키우려면 영혼이 강한 부모부터 되어야겠다고 다시 한번 다짐했습니다.

같이 생각해봐요

❋ 아이에게 어떤 세상을 보여주고 싶나요? 나는 그 세상과 같은 모습으로 아이를 대하고 있나요?

❋ 행복을 위한 덕목 하나를 꼽으라면? 아이가 그 덕목을 갖추려면 부모는 어떻게 도울 수 있을까요?

부모는 아이가 세상으로 나가기 위해

건너는 징검다리인 것 같습니다.

부모라는 징검다리를 건너

아이가 더 단단하고 더 씩씩해지길 바랍니다.

성장 :

나를 내 첫째 삼기

《상처받은 내면아이 치유》를 읽고

얼마 전 아이들과 시장 구경을 갔습니다. 장은 주로 온라인으로 보니 딱히 필요한 게 있었던 것도 아닌데 첫째가 좋아하는 복숭아, 둘째가 좋아하는 꽈배기, 남편이 좋아하는 꿀떡이 보이니 그냥 지나칠 수 없었습니다. 저도 모르게 한 봉지씩 사게 되더군요. 두 손 가득 짐을 들고 있으니 둘째가 "엄마 내가 한 개 들어줄게"라고 합니다.

꿀떡 봉지를 들고 조심조심 걷는 둘째를 보니 제가 둘째만 했을 때가 떠올랐습니다. 저도 엄마랑 시장에 갔고, 엄마 손에 든 짐이 무거워 보여 도와드리겠다고 했고, 큰 효도라도 하는 양 콩나물이 든 봉지를 받아들고 집까지 왔거든요. 어찌나 흐뭇했는지 집에 도착해서는 "엄마, 나한테 고마웠지?", 자기 전에도 "아까 나한테 고마웠지?" 으스댔습니다.

둘째도 아마 같은 마음이었을 것입니다. 그래서 집에 도착하자마자 꼭 안고 "정말 무거웠는데 결이가 도와줘서 무사히 집까지 올 수 있었어. 고마워" 과장해 인사를 했습니다. 활짝 웃으며 "다음에 또 들어줄게!" 약속하는 모습이 참 예뻤습니다.

사람은 어린 시절을 두 번 산다고 합니다. 태어나 한 번, 그리고 부모가 되어 다시 한 번입니다. 아이를 키우며 고맘때 내가 생각나 어린 시절을 돌아보게 된다는 말입니다. 그리고 그 기억 속에는 내 부모도 있습니다. 어린 시절의 내가 떠오르면 어린 나를 돌봐주신 부모님이 같이 떠오릅니다. '우리 부모님이 이렇게 해줘서 참 좋았어' 싶은 것은 내 아이에게도 그대로 해주고 '우리 부모님이지만 이럴 땐 정말 싫었어' 싶었던 것은 반복하지 않겠다고 다짐합니다.

그래서 한 아이를 키우는 데는 부모 외 적어도 네 명의 어른이 직접적 혹은 간접적으로 영향을 준다고 하는 것 같습니다. 네 명의 어른은 엄마의 부모와 아빠의 부모, 즉 아이의 할머니, 할아버지, 외할머니, 외할아버지입니다.

내 부모의 육아, 기억 속 어린 나와 만나기

영화 〈키드〉(2000년)의 주인공은 40대의 이미지 컨설턴트인 러스 듀리스(브루스 윌리스 분)입니다. 러스는 성공한 직장인이지만 까칠하고 신경질적이어서 대인관계가 원만하진 않습니다. 뚱뚱한 사람은 게으르다는 편견이 있고 늘 본인이 옳다고 생각하지요. 그런 그의 앞에 여덟 살짜리 사내아이 러스티(스펜서 브레슬린 분)가 나타납니다. 이상한 점은 러스티는 다른 사람에게는 보이지 않는데 러스에게만 보인다는 것. 일종의 환영입니다. 집에도 쓱 나타나고 길거리에서도 마주칩니다. 병원에도 가보고 다시는 내 앞에 나타나지 말라고 윽박질러도 소용없습니다. 급기야 나에게만 보이던 러스티가 남들 눈에도 보이기 시작합니다.

주변에서는 러스의 숨겨둔 아들 같다고 수군댑니다. 부정했지만 자세히 보니 러스티는 러스와 똑같이 목 아래 점이 있고 종아리에 흉터도 있습니다. 러스만 몰래 부르던 친척들의 별명까지 알고 있고요. 마침내 러스는 러스티가 여덟 살의 본인이라는 것을 알게 됩니다. 하지만 반갑지 않습니다. 쉽게 울고, 뚱뚱하고, 인기도 없는 여덟 살 러스티가 창피합니다. 평생 잊으려 했던 기억의 덩어리가 눈앞에 있는 것도 끔찍하지만 더 참기 힘든 것은 시간을 넘어 마흔의 러스에게 온 이유를 모르겠다는 것입니다.

'대체 원하는 게 뭘까' 고민에 빠진 그에게 한 지인은 원하는 것이 있어서가 아니라 잘못된 것을 바로잡기 위해 온 걸지도 모른다고 말합니다. 힌트를 얻은 러스는 러스티에게 도움을 청합니다. 어린 시절을 기억할 수 있게 어떤 일이 있었는지를 말해달라고 합니다. 우선 부모님

나는 그동안 부모님의 인정을 받기 위해 노력하면서 열심히 해야 사랑을 받을 수 있다고 생각하게 됐다는 것도, 하지만 누구나 존재하는 것만으로 사랑받을 가치가 있다는 것도 그때 알았습니다.

에 대해 묻습니다. 러스티의 부모님은 실수를 용납하지 않으십니다. 실수하면 소리를 지르며 크게 화를 내십니다. 이야기를 들으며 러스는 완벽주의자인 본인을 이해하게 됩니다. 러스티가 울면 아버지는 징징대지 말라고, 어른이 되라고 다그치십니다. 러스는 슬플 때마다 눈물 대신 눈이 경련하는 것처럼 움찔대게 된 원인을 알게 됐습니다.

러스티는 러스의 '내면아이Inner child'였던 것입니다. 내면아이는 어린 시절 당연히 경험해야 할 사랑과 관심, 안전한 환경을 제공받지 못한 자아가 성인이 되어서도 내면에 남아 있는 것을 뜻하는 심리학 용어입니다. 어린 시절 받은 상처가 무의식에 남아 성인이 되어도 부정적인 영향을 끼친다는 것이죠. 문제는 이 상처는 치유될 때까지 지속적으로 영향을 끼친다는 것입니다. 러스가 실수를 해 아버지께 혼났던 상처 때문에 완벽주의자로 자란 것처럼요.

전문가들이 부모들에게 과거의 상처와 마주하고 치유하라고 조언하는 이유가 여기에 있습니다. 특히 정신의학자인 휴 미실다인W. Hugh Missildine에 따르면 내면아이는 가정이나 편한 사람들과의 관계에서 그 모습이 나타납니다. 공적인 모습일 때는 내면아이를 숨긴 채 성숙하고 합리적인 어른으로 행동할 수 있지만 가까운 인간관계에서는 불합리하거나 완고하고 명령적이거나 수줍어하고 연약한 내면아이의 모습이 드러난다는 것입니다. 내가 자라온 과정이 내 아이들에게 영향을 끼칠 수밖에 없다는 뜻입니다. 더 나은 부모가 되고 싶다면 내면아이와 마주해야 합니다.

'그래. 내면아이를 마주해보자' 마음을 먹었습니다. 그런데 문제는 다른 데 있었습니다. 어린 시절 어떤 장면이 상처가 되었는지를 모르겠더군요. 1983년부터 내면아이 치료 워크숍을 진행하고 있는 존 브래드쇼John Bradshaw는 저서 《상처받은 내면아이 치유》에서 "내면아이를 치유한다는 것은 당신의 발달 단계로 되돌아가서 '미해결된 과제'들을 끝내는 작업"이라고 했습니다. 브래드쇼가 말하는 발달 단계는 에릭슨Erickson이 제시한 심리 사회적 발달 단계를 가리킵니다.

에릭슨에 의하면(94쪽 표 참고) 사람은 발달 단계에 따라 성장과 발전에 필요한 의존적인 욕구가 있다고 합니다. 가령 신생아는 부모에 대해 불신보다 신뢰를 더 크게 느껴야 하며, 그럴 때 '희망'이 생깁니다. 불신이 더 큰 경우 내면아이는 상처를 받게 됩니다. 이어 걷기 시작했을 때 부모에 의해 수치심이나 의심보다 자율성을 획득하면 '의지'가 생기고, 학령기 전 아이가 죄책감보다 자발성이 더 강할 때 '목적'이, 학령기 아이가 열등감보다 근면성을 계발시키면 '능력'이 생깁니다. 반대로 불신, 수치심이나 의심, 죄책감, 열등감을 더 크게 느끼면 내면아이가 상처를 받게 된다는 것입니다. 그는 몇 가지 질문을 제시하고 각자 자신의 발달 단계를 돌아보며 체크해보면 내면아이가 상처받았는지를 알 수 있다고 했습니다.

심리 사회적 발달 단계

발달 단계	필요한 욕구 vs 욕구가 해결되지 않았을 때 가지는 감정	욕구가 해결되었을 때 아이가 갖는 효능	아이의 상태를 확인할 수 있는 질문
신생아기	신뢰감 VS 불신감	희망	- 다른 사람을 잘 믿지 못합니까? - 신체적인 욕구에 대한 몸의 신호를 잘 느끼지 못합니까?
유아기	자율성 VS 수치심과 의심	의지	- 새로운 경험을 시도하는 게 두렵습니까? - 걱정이 아주 많은 사람입니까? - 자신이 진정으로 무엇을 원하는지 잘 모를 때가 있습니까?
유치원기	자발성 VS 죄책감	목적	- 가까운 사람들과 의사소통을 하는 데 혹시 문제가 있습니까? - 자신의 감정을 통제하려고 노력하는 편입니까? - 나는 누구인가?라는 질문에 답이 쉽게 나옵니까?
학령기	근면성 VS 열등감	능력	- 다른 사람과 비교하면서 자신이 열등하다고 생각하십니까? - 쉽게 미루는 편입니까? / 어떤 일을 끝내는 게 어렵습니까? - 실수할까 봐 두렵습니까?

청소년기	자아 정체감 VS 정체감 혼란	성실성	- 자신이 누구인지 혼란스럽습니까?
			- 앞으로의 계획에 대해 많은 말들을 하지만 정작 실행은 거의 하지 않는 편입니까?

내 부모의 실수, 반복하지 않으려면

'부모를 기쁘게 하기 위해 성공하려고 노력합니까?'

유치원기에 내면아이가 상처받았는지를 체크해보는 질문 중 하나입니다.

'부모님 앞에서는 금방 복종하는 아이의 역할로 바뀝니까?'

청소년기에 내면아이가 상처받았는지를 체크해보는 질문 중 하나입니다.

뜨끔뜨끔했습니다. 부모님의 말씀에 따르면 저는 '혼날 짓은 애초부터 하지 않는 아이'였습니다. 사실입니다. 부모님을 기쁘게 하고 싶어 말을 잘 들었고, 공부를 열심히 했습니다. 아니라고 반항하려다가도 부모님 표정이 좋지 않으면 먼저 꼬리를 내린 적도 많습니다. 딸-딸-아들, 삼 남매 중 둘째 딸이거든요. 짐작하시다시피 집안에서 부모님의 관심을 가장 덜 받는 '위치'이다 보니, 관심을 받으려 애썼습니다. 부모님은 "너는 어디 가서든 사랑받을 아이다"라고 하셨지만 사랑받으려고 애써서 받은 사랑이었습니다.

연애할 때 남자친구가 "네가 좋아"라고 하면 왜 좋은지 꼭 되물었습니다. "그냥 너라서 좋아"라는 답에 그냥이 어디 있냐. 대충 넘어가려고 하지 말고 구체적으로 말해 달라고 했습니다. 내가 하고 싶은 것보다는 나에게 기대되는 것이 무엇인지를 먼저 파악하고 기대에 부응하려고 노력하는 편이었습니다.

어려서는 부모님의 기대, 학생일 때는 선생님의 기대, 사회에 나와서는 사회의 기대에 맞추려 했습니다. 평균 이상으로는 맞출 수 있었고 덕분에 평탄하게 지내왔습니다. 그러다 부모가 됐고 여태껏 그랬듯 부모, 특히 엄마에게 기대되는 것들에 매달렸습니다. '엄마라면' 자연분만을 해야 한다고 해 병원에서 제왕절개를 하자고 했을 때도 자연분만을 고집했고 수시로 젖몸살을 하면서도 모유 수유를 놓지 않았습니다.

'좋은 엄마가 되는 건 쉽지 않구나' 지쳐갈 때 내면아이라는 개념을 알았습니다. 나는 그동안 부모님의 인정을 받기 위해 노력하면서 열심히 해야 사랑을 받을 수 있다고 생각하게 됐다는 것도, 하지만 누구나 존재하는 것만으로 사랑받을 가치가 있다는 것도 그때 알았습니다.

브래드쇼는 상처받은 내면아이를 치유하는 첫 단계는 "성장 과정에서 반드시 충족되었어야 할 의존적인 욕구들이 채워지지 못한 것을 당신의 내면아이가 슬퍼할 수 있도록 도와주는 것"이라고 했습니다. 영화 〈키드〉에서 러스가 러스티의 이야기를 들으며 가장 먼저 한 것도 울음을 터뜨린 것이었습니다.

어느 날 친정엄마께 "나는 엄마가 바라던 아들이 아닌 '또 딸'인 게 콤플렉스였다. 그래서 더 사랑받고 싶었다"라고 털어놓았습니다. 엄마는 "깨물어 안 아픈 손가락 없다고 하지만, 아픈 정도는 다르더라. 너는 키우는 동안 가장 안 아픈 자식이었다. 그래서 지금 더 아픈 자식이다. 앞으로는 네 손가락을 더 살피고 더 사랑할 거다"라고 하셨습니다. 그 말을 들으며 펑펑 울었습니다. 상처받은 내면아이를 인식하며 부모님을 원망하게 됐다는 것은 아닙니다. 오히려 이해하게 됐습니다. 부모님이 최선을 다해 부모 노릇을 해오신 걸 알고 있습니다. 최선을 다했지만 인간이기에 완벽할 수는 없다는 것을 알기에 그날 꼭 안고 사과해주신 거로 충분했습니다.

육아育兒가 육아育我인 이유

상처받은 내면아이가 충분히 슬퍼했다면 다음 단계로 넘어갑니다. 내면아이의 내면부모가 되는 것입니다. 기존의 내면부모는 내 부모였다면 새로운 내면부모는 나 자신입니다. 성인이 된 이상 미해결된 과제를 끝내기 위해 누군가가 필요하지 않습니다. 내가 원하는 것이 무엇인지, 필요한 게 무엇인지를 가장 잘 아는 사람은 나입니다. 그러니 나는 내 내면아이를 성장시키고 돌볼 최적의 내면부모입니다.

어떤 행위나 결과를 통해 인정받으려던 노력을 멈추기로 했습니다. 내 가치는 내가 무언가를 이루어서 높아지는 것이 아니라 타고난 것입니다. 무의식에 '무얼 해야 할까?'를 찾는 나를 인식할 때마다 스스로 '아무것도 하지 않아도 돼. 그래도 괜찮아' 혼잣말을 합니다.

내가 가진 역할에 대한 기대가 느껴질 때는 그 기대를 합리적인 수준에서 느끼고 있는지를 다시 한번 점검해봅니다. 이 기대는 꼭 내가 맞춰야 하는지, 맞추고 싶은지, 맞춘다면 어느 수준까지 맞출지를 능동적으로 결정합니다. 타인에게 '잘했어'라는 말을 듣기 위해 노력하지 않습니다. 나 스스로 '잘했다' 뿌듯한 만큼만 노력합니다.

남편을 '큰아들'이라고들 합니다. 큰아들인 것처럼 챙기고 돌봐야 한다는 말입니다. 반대로 저는 저 자신을 저의 '큰딸'로 여기기로 했습니다. 나라는 큰딸의 엄마가 되어 '오늘 기분 어때?' 묻고 식사는 제때 챙겼는지, 잠은 부족하지 않은지 돌봅니다. 자신을 지나치게 채찍질하고 있지는 않은지도 주기적으로 살핍니다.

반면 주저하다가 '어차피 실패할 것 같아' 발을 빼고 싶을 때면 나라는 큰딸의 아빠가 되어 '안 하면 어차피 실패하는 것이니 하고 실패해라. 혹시 성공할지도 모르고 실패한다고 해도 시도한 것을 통해 배우는 것이 있다'고 단호하게 이야기해줍니다. '실패가 두려워 주저앉았을 때

넌 매번 미련을 가졌었어' 알려줍니다. 그렇게 어린 시절 내가 듣고 싶었던 엄마의 목소리로 나를 달래고, 아빠의 목소리로 용기를 주고 있습니다.

나를 내 첫째로 삼은 것은 내면아이를 치유하는 데 도움이 되는 동시에 두 아이의 부모 노릇을 하는 데도 큰 힘이 되고 있습니다. 어린 시절 나한테 필요했던, 내가 듣고 싶었던 말을 수시로 생각하고 나 스스로 하는 버릇이 들다 보니 아이들이 비슷한 상황에 부닥쳤을 때 그 말이 아이들에게도 자연스럽게 나오기 때문입니다. 가령 이전에는 첫째가 "엄마 내가 이거 잘하면 칭찬해줄 거지?"라고 하면 "응. 당연하지"라고 했다면 이제는 "엄만 널 늘 칭찬하고 응원해. 특히 네가 하고 싶은 걸 할 때 더 그래"라고 합니다. 저를 닮아 완벽주의자적 성향을 보이는 둘째에게는 "그 정도면 충분해"라고 자주 말해줍니다. 어린 내가 듣고 싶었던 말을 들으며 활짝 웃는 아이들을 볼 때면 내 안의 내면아이도 같이 웃게 되니 일석이조입니다.

아이들이 저보다 더 나은 모습의 어른이 되길 바랍니다. 엄마·아빠보다 더 나은 사람이 되라고 말하는 대신 부모인 우리가 더 나은 사람이 되어가는 모습을 보여주려고 합니다. 어르신들도 첫째가 잘하면 둘째 셋째는 수월하게 따라간다고 했으니까요. 그 말을 믿습니다.

이 책을 읽고 썼어요

상처받은 내면아이 치유

존 브래드쇼 지음 | 오제은 옮김
학지사
2004년 9월

부모가 되고 내 어린 시절 아픈 기억이 떠오른다면, 이 책을 통해 치유할 수 있습니다.

저자는 누구나 어린 시절 받은 크고 작은 상처들을 품은 채로 어른이 된다고 말합니다. '상처받은 내면아이'를 품은 '겉만 어른'이라는 것입니다. 진짜 어른이 되려면 자신의 어린 시절로 돌아가 '상처받은 내면아이'를 치유해야 합니다. 부모가 되면 어린 시절로 돌아가기 쉽습니다. 아이를 보면 자연스럽게 내 어린 시절이 오버랩되고, 아이를 키우며 다시 한번 어린 시절을 살게 되니 속까지 어른이 되기 딱 좋은 시기이지요.

같이 생각해봐요

- 내가 지금 내 아이의 나이로 돌아간다면, 부모님께 어떤 말을 듣고 싶습니까?
- 앞으로 나는 나 자신에게 어떤 부모가 되어주고 싶습니까?

내가 가진 아픔을 아이에게 물려주고 싶지 않다면,

아이를 돌보며 나도 같이 돌보세요.

내가 치유되는 동안 아이는 더 크게 자랄 것입니다.

불안 :

나는 잘하고 있고, 아이도 잘 자라고 있다고 믿기

《지금 이 순간을 살아라》를 읽고

부모에게 없는 한 가지를 꼽으라면 경험일 것입니다. 반대로 부모가 되어 주어진 한 가지를 꼽으라면 책임감이고요. 경험은 없는데 책임감은 큽니다. 그래서 불안합니다. 부모이기에 단단하고 강한 사람이 되고 싶은데 부모이기에 더 흔들리는 아이러니한 상황입니다.

사실 저는 부모가 되기 전에도 '불안지수'가 높은 편이었습니다. 다른 사람들은 평안한데 혼자 불안했고 다른 사람들이 불안해하면 더 불안했습니다. 부모가 되고는 더 설명하지 않아도 명약관화였습니다. 아이가 울면 '왜 울지?', 자면 '어디 아픈가?', 혼자 놀면 '왜 놀아달라고 하지 않지?' 걱정거리를 만들며 불안해했습니다.

이건 아니다 싶었습니다. 게다가 정신분석가인 이승욱 박사는《천일의 눈 맞춤》에서 다양한 연구 결과를 통해 불안, 죄책감, 화, 불행, 무관심, 편애 등 부모가 겪는 부정적인 감정 중 불안이 아이의 '심리적 안녕'에 가장 큰 영향을 주는 요인이라고 밝혔습니다. "불안한 부모는 아이의 안정감에 은밀하지만 깊게 영향을 끼친다"며 "아이가 부모의 불안을 내면화하게 되면 아이는 원인도 모른 채 평생을 불안해하며 살아가야 한다"고 했습니다. 부모의 불안은 대물림된다는 것이었습니다. 불안을 마주하기로 마음먹었습니다.

나만의 '내공', 불안 극복의 원천으로

언제 불안한지부터 들여다봤습니다. 아이가 어렸을 때는 왜 우는지, 무얼 원하는지 알 수 없을 때 불안했습니다. 조금 자란 지금은 무얼 해줘야 할지, 내가 잘못하고 있는 건 아닌지 확신이 서지 않을 때 불안합니다. 한 마디로 모를 때 불안하더군요. 처음 부모가 됐을 때는 '초보 부모'여서 모르는 게 많으니 그렇다고 치고 시간이 지나면 나아질 줄 알았습니다. 그런데 한 살배기 아이와 두 살배기 아이는 다르더군요. 네 살배기 아이와 여섯 살배기 아이는 또 다르고요. 첫째가 여덟 살이니 '경력 8년 차'의 베테랑 부모면 좋겠지만 '여덟 살 아이를 처음 키우는' 초보 부모일 뿐입니다. 첫째를 키워봤으니 둘째는 수월하리라 생각했지만 '두 아이를 처음 키우는' 초보 부모일 뿐이었고요. 친정엄마가 저더러 "마흔 살 딸은 엄마도 처음 키워보거든!" 하시는 걸 보면 앞으로도 마찬가지일 것 같습니다.

하루는 답답한 마음에 "엄마는 아직도 부모 노릇이 막막한 게 힘들지 않아?"라고 여쭀습니다. "힘들지"라고 인정하시며 조언을 하나 해주셨습니다. 우리 삼 남매를 키우면서 막막해질 때마다 어린 시절을 떠올렸다고 하셨습니다. "무조건 해결해내라고 울어젖히던 갓난쟁이의 울음을 결국 멈추게 했던 것도 나였고, 학교에 가기 싫다고 아침마다 화장실에 들어가 나오지 않던 너희들을 결국은 웃으며 등교하게 도왔던 것도 나였어. 그걸 다 해냈는데 또 다른 일이라고 겁낼 건 뭐야? 생각하면 힘이 나더라" 지나온 길이 내공이 된다는 말이었습니다. 내공은 자기효능감self-efficacy, 자신이 어떤 일을 성공적으로 수행할 수 있는 능력이 있다고 믿는 기대와 신념의 원천이 되고요. 엄마의 조언을 실천하고 있습니다. 불안해지면 잠시 눈을 감고 부모로서 지나온 8년을 돌아봅니다. 한 번에 해결하지는 못했어도 결국은 해결했던 순간들이 있습니다. 부모라는 이름으로 실수는 해도 포기한 적은 없었습니다. 포기하지 않는다면 결국 해낼 것이라 믿습니다.

아이에게도 적용했습니다. 둘째가 예민하거든요. 완벽주의자적 성향도 있어 새로운 일에 쉽게 덤벼들지 않습니다. 얼마 전에는 유치원 선생님께 전화를 받았습니다. 체육 시간에 앞구르기를 하는데 결이가 자기 차례가 돌아오면 얼음처럼 굳어버린다고요. 한쪽에서 구경만 한 아이는 세상에 나아가 '너를 믿을 근거를 보여달라'는 요구를 받을 것입니다. 결과물을 내고 근거를 만들려고 애를 쓸 것입니다. 그렇다면 적어도 부모는, 세상과 반대로, 근거가 없어도 믿어주는 뿌리가 되어야 합니다.

게 이 주일이 지났다고 하셨습니다. 그날 밤 결이를 무릎에 앉히고 처음 걸음마를 하던 동영상을 보여줬습니다. "결아, 너 한 살 때 모습이야. 처음 혼자 걸었던 날인데, 엉덩방아를 얼마나 찧었나 몰라. 한 발을 뗄까 말까 멈칫멈칫하다가 겨우 뗐는데 엉덩방아 쿵. 그래도 일어나서 다시 한 발을 떼더라. 그 모습이 어찌나 예쁘던지… 그러더니 결국 이렇게 혼자 걸었어" 설명을 하니 가만히 듣고 있습니다. 영상이 끝난 뒤 덧붙였습니다.

"처음은 누구나 어려워. 어려우니까 처음이지. 결이가 하고 또 해서 지금 이렇게 뛰게 된 것처럼 해보고 또 해보면 되는 거야. 결이, 유치원에서 앞구르기 처음 한다며?"

"응. 무서워."

"엄마랑 집에서 연습해볼까?"

"못 할 것 같아."

"엉덩방아 쿵 찧어도 일어나서 걸었던 것처럼, 할 수 있을 때까지 계속하면 돼. 엄마가 도와줄게."

그날 결이는 오십 번을 연습해서 두 번 성공했습니다. 그리고 다음 날 또 연습해서 다섯 번 성공했고요. 저는 그 모습을 옆에서 또 한 번 영상으로 담았습니다.

불안할수록 '지금 이 순간'에 집중하기

"불안해 죽겠네. 뭐라도 해야겠다."

자주 하던 말입니다. 대학 입시, 취업 준비 등 미래를 그리다 보면 불안감이 엄습했습니다. 어떤 미래가 펼쳐질지 모르니 불안하고, 모르니 미리 준비할 수 없어서 더 불안했습니다. 남들 하는 것이라도 해두면 뒤지지는 않겠지 싶은 마음에 주변을 살피며 열심히 무언가를 했습니다. 그렇다고 미래가 또렷해지는 것 같지는 않았지만 적어도 불안한 요소 하나는 제거했다는 안도감이 있었습니다. 더 열심히 해서 다른 사람들이 하지 않는 것까지 하면 미래가 조금 더 보장될 것 같기도 했습니다. 그래서 불안할수록 더 열심히 살았던 것 같습니다.

부모가 되니 '불안해 죽겠네. 뭘 시켜야 하지?'로 바뀌었습니다. 마찬가지로 아이의 미래를 떠올리면 불안해졌고 다른 집 아이들은 무엇을 하고 있나 살피게 되더군요. 살피면서도 '이 사회에서 살아남기 참힘들다' 한숨이 나왔습니다. 그런데 달라이 라마, 틱낫한과 함께 21세기를 대표하는 영적 지도자로 불리는 에크하르트 톨레는 저서 《지금이 순간을 살아라》에서 전혀 다른 주장을 하더군요. 고통을 만들어내는 것은 '다른 사람이나 저 바깥세상이 아닌 우리 자신의 마음'이라는 것이었습니다. 우리 마음이 언제나 과거를 돌아보고 미래에 대해 걱정하기 때문에 고통이 생긴답니다. 그러니 '지금 이 순간을 삶의 구심점'

으로 삼으면 고통에서 벗어날 수 있다고요. 그는 "시간 속에 살면서 잠 깐씩만 '지금 이 순간'에 들르는 것이 아니라, '지금 이 순간'에 살면서 실제로 필요한 경우에만 과거와 미래를 잠깐씩 방문하라고" 조언합니 다. '지금 이 순간'에 집중하고, 미래를 위해 현재를 희생하는 일을 멈춰 야 한다는 것이었습니다.

그러고 보니 몸은 오늘에 있었지만, 마음은 미래에 있었습니다. 늘 미래를 바라보며 오늘을 살았습니다. 부지런히 준비한 결과가 흡족할 때도 있었지만 꼭 그렇지만은 않았습니다. 정확히 말하면 '혹시 필요할 지도 몰라' 준비해둔 것들은 필요했던 경우보다 필요하지 않았던 경우 가 더 많았습니다. '가성비'라는 말처럼 '노성비(노력 대비 성과)'가 있다 면 노성비 떨어지는 투자였습니다. 불안에서 출발한 노력이었기에 노 력하는 동안 즐겁지 않았다는 것도 문제였습니다. 미래를 위한다는 이 유로 아이도 다그치고 있었습니다. 부끄럽지만 아이에게 "나중에 얼마 나 고생을 하려고 그래", "다른 친구들은 벌써 다 끝냈대"라고 했습니 다. 불안하지 않은 아이에게 불안을 심어준 꼴이었습니다.

'불안해 죽겠네' 싶으면 '무엇이 불안하지?' 나에게 되묻기로 했습 니다. 미래가 불안하다면 '오늘은 행복해?' 다시 묻습니다. 오늘이 행복 하지 않다면 미래가 아닌 당장 오늘이 행복할 방법을 찾고 오늘이 행복 하다면 그 행복을 내일도 이어가는 것에 집중합니다. 오늘을 행복하게 만든 경험은 미래의 오늘이 행복하지 않더라도, 행복하게 바꿀 수 있다는 믿음의 토대가 되는 것 같습니다.

'오늘의 힘'을 믿는 동시에 '아이의 힘'도 믿습니다. 아이를 키우며 불안할 때가 많다고 하면 주변에서는 '아이를 믿어'라고 조언해주셨습니다. 교과서적인 조언이라고 생각했습니다. 근거가 있어야 믿는데 아직 어린 아이에게서 근거를 찾기 어려웠으니까요. 믿어야 하는 것은 알고 있는데 믿기는 쉽지 않았습니다. 그런데 아이를 키우다 보니 조금씩 알겠습니다. 근거를 찾으려던 것이 실수였습니다. 세상과 같은 잣대로 아이를 대하고 있었습니다. 아이는 세상에 나아가 '너를 믿을 근거를 보여달라'는 요구를 받을 것입니다. 결과물을 내고 근거를 만들려고 애를 쓸 것입니다. 그렇다면 적어도 부모는, 세상과 반대로, 근거가 없어도 믿어주는 뿌리가 되어야 합니다. 부모가 아이를 믿는다는 것은 아이 자체를, 아이가 발휘할 내면의 힘을 믿는다는 것이었습니다. 자신만의 속도로 끝까지 포기하지 않고 해낼 것을, 그리고 스스로 원하는 것을 찾아낼 것을요.

아이는 믿는 만큼 성장한다는 말도 이제 알겠습니다. 믿는 방향으로, 믿음의 크기만큼 성장하는 것이었습니다. 사회학자인 토머스 머튼 Thomas Merton이 명명한 '자기 충족 예언self-fulfillment prophecy'으로 설명할 수 있습니다. 자기 충족 예언에 의하면 사람들은 어떤 상황을 마음속에서 사실이라고 믿으면, 그 상황에 맞는 행동을 하게 되고, 그 상황이 사실이 아니었다고 해도 결국은 사실이 된다는 것입니다. 부모의 믿음은 아이에게 '상황'으로 작용하는 것이지요. 가령 부모가 "너는 어떤 일이든 끝까지 포기하지 않더라"라고 하면 아이는 자신을 '포기하지 않는 아이'라고 믿게 되고 실패하더라도 한 번 더 시도하게 됩니다. 반대로 "너는 편식이 심해"라고 하면 아이는 자신을 '편식하는 아이'라고 믿고 편식을 고착화하고요.

아이의 미래가 불안해지면 '아, 아이를 더 믿을 때구나'로 생각을 전환합니다. 아이를 믿는 만큼 불안은 줄었습니다. 동시에 내 믿음이 올바른가를 점검합니다. 아이가 부모의 믿음대로 성장하는 이상 부모인 제가 할 일은 아이를 올바르고 강하게 믿는 것입니다.

그래도 불안하다면, '더 좋은 부모가 되고 싶구나' 토닥이기

사람에게는 세 가지의 자아가 있다고 합니다. 되고 싶은 모습인 '이상적인 나ideal self'와 되어야 하는 모습인 '의무적인 나ought self', 그리고 지금 그대로의 모습인 '실제의 나actual self'입니다. 세 가지 자아가 일치하면 좋겠지만 대부분 그렇지 않습니다. 각각의 자아 사이에 차이가 있어 부정적인 정서를 경험하게 되죠. '이상적인 나'와 '실제의 나'가 다르면 스스로 실망하게 되고 '의무적인 나'와 '실제의 나'가 다르면 불안해집니다. 부모가 되니 '되고 싶은 부모'도 생기고, '되어야 하는 부모'도 생겼습니다. '실제의 나'는 그대로인데 말이죠. 그래서 나 자신에게 더 실망하고, 더 불안했던 것 같습니다.

8년 전의 나와 지금의 나를 비교해봅니다. 여전히 헤매고 있는 부모인 줄 알았는데 8년 전과 비교하면 많이 성장했습니다. 아이가 '엄마!' 한마디만 해도 도와달라는 것인지, 안아달라는 것인지, 배가 고프다는 것인지, 자랑하고 싶은 것인지 파악할 수 있습니다. 아이에게 찰싹 붙을 때와 찰싹 붙고 싶어도 떨어져야 할 때도 구분할 수 있고요.

'되고 싶은 부모'와는 여전히 차이가 있지만, 8년 전에 비하면 그 차이는 줄었습니다. 아이를 남과 비교하면 불안해지지만, '어제의 아이'와 '오늘의 아이'를 비교하면 성장을 칭찬하게 되는 것처럼 부모도 마찬가지입니다. '이상적인 나'와 '실제의 나'를 비교하면 실망스럽지만 '어제의 나'와 '오늘의 나'를 비교하면 나아진 모습이 기특합니다.

어제보다 나아진 내가 여전히 불안한 것은, 더 나은 내가 되고 싶은 마음에서 비롯된 것임을 알게 됐습니다. 그래서 이제는 부모 노릇이 불안할 때면 '더 잘하고 싶구나' 자신을 토닥입니다. 물론 '더'에 무게를 실어 강조합니다. 이미 충분히 잘하고 있다는 것을 나에게 말해주고 싶어서요.

지금 이 순간을 살아라(개정판)

에크하르트 톨레 지음 | 노혜숙·유영일 옮김
양문
2008년 9월

세계적인 명상서. 아이들 앞에서 '걱정쟁이'가 됐다면 '지금 이 순간'의 힘이
필요합니다.

저는 쉽게 불안해집니다. 그래서 자주 묻습니다. '지금 너는?' 이 책에서 과거
를 후회할 때, 미래를 걱정할 때 불안해진다고 배운 덕입니다. 과거에 후회되
는 일이 있어도 '지금 너는?' 물어보면 그럭저럭 괜찮게 살고 있음을 알 수 있
습니다. 미래가 걱정되어도 '지금 너는?' 물으면 또 나름대로 괜찮습니다. 그
렇다면 과거의 후회는 흘려보내고, 미래의 걱정은 지금 잘 살아낸 힘으로 밀
어낼 수 있거든요.

❋ 오늘 부모로서 내가 잘한 일은 무엇인가요? 잘못한 일을 반성하기 전 잘한 일부터 칭찬해주세요. 오늘도 수고하셨습니다.

❋ 오늘 아이가 잘한 일은 무엇인가요? 아이의 미래가 불안할수록 오늘도 성장하고 있는 아이를 봐주세요.

극과 극은 통한다고 하지요.

불안과 믿음이 그런 것 같습니다.

불안할수록 한 번 더 믿고, 불안할수록 한 번 더 칭찬하기.

불안에 가장 효과적인 처방전입니다.

권위 :

아이가 좋아하는 부모 vs 아이에게 필요한 부모

《캡틴 부모》를 읽고

올해 열한 살인 조카가 어렸을 때, 세상에서 가장 좋아하는 사람은 엄마·아빠가 아닌 이모인 저였습니다. 엄마·아빠는 못 먹게 하는 사탕을 주머니에 숨겼다가 입에 쏙 넣어주고, 엄마·아빠는 졸라도 사주지 않는 장난감을 말하기도 전에 선물해주곤 했으니 어찌 보면 저를 좋아하는 것이 당연했습니다. 싱글벙글 웃으며 "이모가 엄마였으면 좋겠어"라고 하는 조카를 보며 내 아이도 이렇게 키우면 되겠다 싶었습니다. 가능한 많은 걸 해주고, 많은 걸 들어주고, 많은 걸 받아주는 부모가 되고 싶었습니다. 저만 그런 것이 아니라 요즘 부모들은 확실히 추구하는 부모의 상이 바뀐 듯합니다. 이전 세대 부모들이 자녀와의 관계에서 '관리자'를 추구했다면 요즘 부모들은 '친구'를 추구합니다. '친구 같은 부모'가 이상적인 부모상입니다.

나는 어떤 부모인가

첫째에게 처음 큰 소리를 낸 것은 두 돌 무렵 마트에서였습니다. 주말마다 마트에서 장을 봤는데 마지막 코스는 장난감 판매대를 구경하는 것이었습니다. 구경'만' 하러 갔지만 아이는 매번 장난감을 안고 놓지 않았죠. "우리 장난감 구경하러 온 거지? 다음에 사자" 이야기하면 금세 눈물이 그렁그렁해서는 장난감을 더 꽉 쥐었습니다. 그러면 전 마음이 약해져 '이게 얼마나 한다고 애를 울리나. 오늘만 사주자'라며 카트에 담았습니다.

'오늘만'은 곧 '오늘도'로 바뀌었습니다. 마트에 가면 아이는 으레 장난감을 골랐습니다. 하루는 아예 장난감 판매대부터 가자고 떼를 쓰더군요. 저도 모르게 "마트에 장난감 사러 온 거 아니라고 했지! 계속 이러면 다시는 마트 안 와!"라고 소리를 질러버렸습니다. 엄마가 처음, 그것도 사람이 많은 장소에서 소리를 질렀으니 아이는 새파랗게 겁에 질렸습니다. 소리를 지른 저도 얼굴이 화끈거렸고요. 울음을 멈추지 못하는 아이를 안고 집으로 돌아오며 무언가 잘못됐다는 생각이 들었습니다.

발달학자인 다이애나 바움린드Diana Baumrind는 1960년대에 취학 전 아이를 둔 부모를 면접하고 아이의 행동을 기록해 양육 태도를 살폈습니다. 그 결과 애정과 통제라는 두 가지 측면을 결합해 양육 유형을 네

가지로 나눴는데요. 애정은 부모가 아이를 얼마나 수용하고 반응하고 지지하는가, 통제는 아이의 행동에 얼마나 확고한 규칙으로 대하는가 의 측면입니다.

바움린드의 4가지 양육 형태

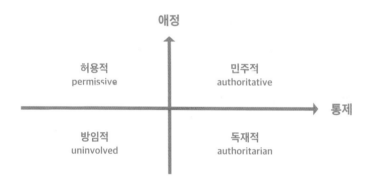

1_허용적 양육(허용적 부모)

높은 수준의 애정과 낮은 수준의 통제를 보이는 부모입니다. 아이 를 충분히 수용하고 사랑하며 부모가 규칙을 정하기보다는 아이가 자 율적으로 판단하도록 합니다. '안 돼'라는 말은 가급적 자제하죠. 아이 와 친구처럼 지내고 싶다는 부모들이 대부분 허용적 양육 형태에 해당 합니다.

2_민주적 양육(권위 있는 부모)

애정도 높고 통제도 높은 부모입니다. 아이를 세심히 살피고 아이의 행동에 규칙을 제시합니다. 규칙 안에서의 자율을 존중합니다. 명령이 아닌 설득을 통해 아이와 소통합니다.

3_독재적 양육(권위주의적인 부모)

허용적 부모와 반대로 높은 수준의 통제와 낮은 수준의 애정을 보이는 부모입니다. 아이를 엄하게 대하고 지시하며 복종할 것을 요구합니다. 아이들이 원하는 것을 듣기보다는 아이들에게 많은 요구를 하죠. 과거 드라마 〈사랑이 뭐길래〉의 대발이 아버지가 대표적인 독재적 부모입니다. 우리 윗세대 부모들 대부분이 이 형태에 해당하고요.

4_방임적 양육(무관심한 부모)

통제도 낮고 애정도 낮은 부모의 양육 형태입니다. 아이에게 관심을 보이지 않으며 행동에 대한 기준도 제시하지 않습니다. '네 마음대로 해'라고 하지만 아이의 뜻을 존중해서가 아니라 신경 쓰고 싶지 않다는 뜻입니다.

네 가지 유형 중 어떤 부모의 아이들이 가장 잘 자랐을까요?
바움린드의 연구 결과 민주적 부모의 아이들이었습니다. 이 아이들은 자아존중감이 높고 또래 사이에 인기도 좋았으며 독립심도 높았습니다. 반면 방임적 부모의 아이들이 여러 가지 면에서 가장 어려움을 겪었습니다. 학교에 적응하는 데 어려움을 겪었고 자기통제력이 부족하며 인지 발달 수준도 낮았습니다. 독재적 부모의 아이는 독립심이 낮으며 의존적 혹은 반항적 성격을 보였으며 허용적 부모의 아이는 자신감이 높지만 자제력은 약했습니다.

의외였습니다. 허용적 부모의 아이들이 가장 잘 자랄 거라 생각했거든요. 친구 같은 부모가 되고 싶었고, '프렌디friend+daddy', '친친친구처럼 친한 부모'라는 사회적 열풍 속에서 어떻게 하면 아이와 더 가까워질까 고민하고 있었습니다. 그런데 허용적 태도가 문제가 되다니요.

부모의 양육 형태에 따른 자녀 성향

허용적 양육 형태 가정의 자녀
- 자신감이 높은 반면 자제력이 약하고 규율을 무시하는 경향이 있다.

민주적 양육 형태 가정의 자녀
- 책임감이 있고 독립적이다.
- 자아존중감, 사회성이 높아 또래 사이에 인기가 있다.

방임적 형태 가정의 자녀
- 자아존중감이 낮으며 독립심과 자기통제력이 부족한 경향이 있다.

독재적 형태 가정의 자녀
- 의존적이고 독립심이 낮다.
- 욕구가 좌절되면 반항적 성향을 보인다.
- 수동적이며 자아존중감이 낮으며 사회성이 부족하다.

프랑스 아이들의 절제된 자유

마침 장난감 욕심을 멈추지 못하는 아이를 보며 무언가 잘못되어가고 있다는 것을 느끼던 참이었습니다. 솔직히 고백하면 장난감을 카트에 담으면서도 장난감을 사주는 것이 아이를 위해서인지, 장난감을 사면 안 된다고 아이를 납득시킬 여유가 없어서인지 구분하기 어려웠습니다. 장난감을 사주는 것이 사주지 않기보다 쉬웠거든요.

애정의 수준은 유지하되 통제의 수준을 높이기로 했습니다. '친구 같은 부모'의 방점을 '친구'에서 '부모'로 옮겼습니다. 이상적인 부모상을 '다정한 조력자'로 조정했습니다. 필요할 땐 주저하지 말고 '안 돼!'라고 하는 것부터 시작했습니다.

프랑스 부모들에게서 카드르cadre를 배웠습니다. 카드르는 액자나 거울의 틀을 뜻하는 프랑스말인데 육아에서는 범위와 한계를 의미합니다. 프랑스 부모들은 아이들에게 '카드르'를 매우 엄격하게 적용합니다. 마냥 엄격한 것은 아닙니다. 카드르 안에서는 무한한 자유를 허락합니다. 딱 민주적 부모였습니다. 단적인 예가 식탁 예절입니다. 프랑스 식탁에서는 아이들이 얼마나 먹느냐는 크게 신경 쓰지 않습니다. 단 식탁에 오른 음식은 최소한 한 입씩은 먹어야 하죠. 모든 음식을 골고루 맛 봤다면 식탁에서 일어나도 됩니다. 그렇게 자란 프랑스 아이들은 편식을 거의 하지 않는다고 합니다.

우리 집과 비교해봤습니다. 올바른 식습관을 형성해주고 싶은 마음은 같습니다. 하지만 저도 남편도 아이가 특정 음식을 거부할 때 한 번 권했다가 아이가 도리질하면 '자라면 나아지겠지' 물러섰습니다. 강하게 권유하다가 오히려 편식이 심해지지 않을까 걱정이 앞섰거든요. 프랑스 부모들의 이야기를 들으며 너무 강압적이지 않나 싶기도 했습니다. 그런데 자세히 알아보니 '먹어!' 눈을 부릅뜨고 명령하는 것이 아니라 차분하게 설명하며 단호하게 이끈다고 하더군요. 프랑스 부모들은 서두르지 않고 끈기 있게 카드르를 적용합니다. 처음부터 아이들이 골고루 먹는 것이 아니라 결국 골고루 먹게 된다는 겁니다.

우리 집에도 적용해봤습니다. 아이들에게 '누구나 좋아하는 음식도 싫어하는 음식도 있지만, 우리 몸이 건강하기 위해서는 필요한 음식이 있다'고 설명했습니다. 더 먹고, 덜 먹는 것은 자유지만 최소한 한 입씩 먹기를 규칙으로 정했습니다. 아이뿐 아니라 부모인 저도 남편도 같이 지켰습니다. 식사 때마다 규칙을 이야기하고, 남편도 저도 식탁 위에 올라온 음식은 한 번씩 맛보았습니다.

쉽지는 않았습니다. 남편도 저도 편식이 없는 편이 아니라 의식적인 노력이 필요했습니다. 처음에는 남편과 저만 지켰지만 서서히 아이들도 따라왔습니다. 때론 "생각보다 맛있네" 놀라기도 하고 "정말 먹기 싫지만 건강해지겠지?" 꾹 참고 넘기기도 하면서요. 지금은 온 식구가 식탁 위에 올라온 모든 음식을 최소한 한 입씩은 먹고 있습니다.

애정의 수준은 유지하되 통제의 수준을 높이기로 했습니다. '친구 같은 부모'의 방점을 '친구'에서 '부모'로 옮겼습니다. 이상적인 부모상을 '다정한 조력자'로 조정했습니다. 필요할 땐 주저하지 말고 '안 돼!'라고 하는 것부터 시작했습니다.

그렇다고 규칙을 많이 정한 것은 아닙니다. 오히려 가급적 줄이려고 합니다. 통제의 수준을 높이자고 마음먹은 후 규칙의 수를 늘렸더니 부작용이 있었거든요. 규칙이 늘어나자 아이가 규칙을 모두 기억하지 못했습니다. 더 큰 문제는 규칙이 늘어날수록 규칙의 힘이 약해졌다는 겁니다. 지켜지지 않는 규칙은 없느니만 못합니다. 통제의 수준을 높인다는 것은 자주 통제하는 것이 아니라 꼭 필요한 순간 단호하게 통제하는 것이었습니다. 꼭 필요한 규칙을 정하고 그 규칙을 예외 없이 적용하는 것이었습니다.

큰 틀에서는 '나를 아끼고 남을 아끼라'는 규칙 하나만 남겼습니다. 내 몸을 아끼고 내 마음을 아끼고, 마찬가지로 남의 몸을 아끼고 남의 마음을 아끼는 것입니다. 나를, 남을 함부로 대할 때는 단호하게 저지합니다. 적극적으로 허락하고 적극적으로 금지합니다.

친구 같은 부모에서 나침반 같은 부모로

민주적 태도로 아이를 대하자 몇 가지 변화가 생겼습니다. 첫 번째로 아이의 떼가 줄었습니다. 한 번 '안 돼!'라고 하면 아무리 떼를 써도 끝까지 안 된다는 것을 알게 된 덕분입니다. 두 번째로 꼭 지켜져야 할 부분에만 규칙을 적용했더니 오히려 아이가 더 자유로워졌습니다. 틀에 아이를 가두는 건 아닐까 조심스러웠는데 기우였습니다. 아이는 '틀 안'이라는 안전지대에서 마음껏 뛰놀았습니다. 마지막으로 부모 입장에서는 아이에게 끌려다닌다는 느낌이 없어졌습니다. 큰 소리를 내지 않아도, 눈에 힘을 주지 않아도 아이들이 통솔됩니다. 조용하지만 단단한 힘이 생겼달까요. 자연스럽게 부모의 권위가 생겼습니다.

《캡틴 부모》의 저자이자 부모교육가인 수잔 스티펠만Susan Stiffelman은 이와 같은 이유로 부모들에게 캡틴이 되라고 조언합니다. 그는 육아를 항해에 비교하며 부모들에게 유람선에 탄 상상을 해보라고 합니다. 유람선에 탔는데 저녁 식사를 캡틴과 함께한다면 기분이 좋을 것입니다. 하지만 승객들이 캡틴에게 진정으로 바라는 것은 배가 순조롭게 항해하는 것이죠. 캡틴이 파도를 헤치며 배를 안전하게 조종할 때 승객이 마음 편히 경관을 즐길 수 있으니까요. 승객은 의지하고 따를 수 있는 캡틴을 바랍니다. 믿음직한 캡틴이 조종타를 잡으면 승객은 경계심을 풀고 안심합니다. 캡틴은 '책임자'입니다.

육아도 마찬가지입니다. 스티펠만은 "아이들은 자신의 배를 책임지고 이끌어줄 캡틴으로서 부모를 필요로 한다"고 강조합니다. 부모는 통제자도 아니고 친구도 아닌, 책임자로서의 역할에 충실해야 한다는 것입니다.

더 이상 아이와 장난감을 사느니 마느니 씨름하지 않습니다. 아이는 장난감을 사달라고 할 때마다 사주는 부모를 좋아할 것입니다. 하지만 아이에게 필요한 부모는 장난감을 사달라고 할 때 그 장난감이 정말 가지고 싶은 것인지 다시 한번 생각해볼 수 있게 도와주고, 정말 가지고 싶은 장난감이라면 그 장난감을 살 돈을 모으도록 격려하는 부모일 것입니다. 장난감은 한 달에 한 번, 용돈 안에서 사기로 약속했습니다.

그렇다고 장난감에 초연해진 것은 아닙니다. 마트에 가면 여전히 장난감 판매대에 가서 눈이 휘둥그레집니다. 달라진 점은 '이거 사줘' 눈물로 호소하지 않고 '이게 가지고 싶으니까 열 밤 지날 때까지 생각해볼게. 열 밤이 지나서도 가지고 싶으면 용돈을 모아서 살래'라고 하는 것입니다. 이 과정을 통해 아이는 자신의 욕구를 조절하는 법을 익히고 진짜 욕구를 구별해내는 능력을 키우고 있습니다.

동시에 부모인 저는 빈손으로 마트를 나서며 "저 장난감이 우주만큼 가지고 싶어"라고 했던 아이가 다음 날 "하루 지나니까 100만큼만 가지고 싶네?", 또 다음 날 "엄마, 이상해! 오늘은 장난감 생각이 하나도 나지 않았어!" 그다음 날은 "다시 우주만큼 가지고 싶어. 아무래도 용돈을 모으기 시작해야겠어"라는 것을 보며 미소짓습니다. 그 미소에는 '잘 자라고 있구나' 흐뭇함이 스며 있습니다.

이 책을 읽고 썼어요

캡틴 부모

수잔 스티펠만 지음 | 이승민 옮김
로그인
2018년 6월

'아이는 어떤 부모를 원할까?', '지금 나는 아이가 원하는 부모일까?'에 대한 답을 주는 책입니다. 조카에게 물은 적이 있습니다. "이모가 친구해줄까?" 유독 저를 따르는 조카라 호의(?)를 베푼 건데 의외의 답이 돌아왔습니다. "아니. 이모는 이모라 좋아." 친구같은 부모가 되고 싶은 것은 부모의 마음이고 아이들이 원하는 부모는 따로 있는 것이 아닐까요. 저자는 아이들은 선장을 원한다고 말합니다. 거친 파도가 몰려와도 내가 탄 배를 안전하게 운행할 선장 말이지요. 아이가 원하는 부모는 믿고 따를 권위 있는 부모입니다.

같이 생각해봐요

- 내 부모님은 독재적, 허용적, 방임적, 민주적 유형 중 어느 유형이었나요?
- 나는 어떤 부모님을 원했나요?

'해님과 바람' 이라는 동화가 있습니다.

있는 힘껏 바람을 불어 나그네의 옷을 벗기려는 바람과

뜨거운 햇살로 덥게 만들어 스스로 옷을 벗게 하려는

해님의 힘겨루기. 어떤 부모가 되고 싶나요?

행복 :

다시 태어나도, 부모가 되고 싶은 이유

《부모로 산다는 것》을 읽고

얼마 전 침대에 누워 잘 준비를 하는데 첫째가 비장한 얼굴로 말했습니다.

"난 나중에 아기 안 낳을 거야."

깜짝 발언에 저도 남편도 당황했습니다. 당황은 곧 '우리 가정에 문제가 있나?'라는 생각으로 이어졌습니다. 화목한 가정을 꾸리려 노력해왔고, 실제로 화목한 가족이라고 자부합니다. 사랑을 표현하는 데 인색했나 돌아봐도 '너희들의 부모여서 행복하다', '너희 덕분에 웃는다' 넘치면 넘쳤지 부족하진 않았습니다. '우리 부부가 행복해 보였다면 아이들도 커서 부모가 되고 싶었을 텐데 우리가 행복해 보이지 않았던 걸까…' 궁금해지더군요. 첫째에게 물어보기로 했습니다.

"아기 안 낳고 싶어진 이유가 있을까?"

"아기를 낳으면 기저귀도 갈아줘야 하고 밥도 먹여줘야 하고, 힘들 것 같아."

"힘들 것 같아서 안 낳고 싶구나."

"귀찮을 것 같아."

"그렇구나. 엄마·아빠가 너희들 키우는 게 힘들고 귀찮아 보였어?"

주저하더군요. 괜찮다고, 솔직하게 말해달라고 했습니다.

"응. 그리고 우리가 맨날 놀아달라고 하잖아."

부모가 아이의 기저귀를 갈고, 밥을 먹이고, 놀아준다는 것을 알고 있다는 사실이 기특했습니다. 또 그 고단함을 들킨 것 같아 민망했습니다. 지인들과는 '부모 노릇은 정말 장난 아니다' 자주 이야기하면서도 아이들에게만은 숨기고 싶었으니까요. 포커페이스 잘하는 줄 알았는데 착각이었나 봅니다.

"아이를 키우는 건 힘들고 귀찮은 일 맞아. 그런데 웅이가 보기에는 엄마·아빠가 힘들고 귀찮아 보이기만 했어?"

"아니. 재밌어 보이기도 했어."

"그것도 맞아. 힘들고 귀찮을 때도 있고 재밌기도 하고 보람차기도 해. 그리고 무엇보다 너희들을 낳기 전에는 한 번도 느껴보지 못한 행복도 느껴."

부모가 되지 않았다면 몰랐을 고단함 그리고 행복

부분 수면 박탈 전문가인 펜실베니아대 데이비드 딩어스David Dinges 교수는《부모로 산다는 것》의 저자인 제니퍼 시니어Jennifer Senior와의 인터뷰에서 지속적으로 수면 부족을 겪는 집단은 이 문제를 상당히 잘 제어하는 부류와 이 문제로 허물어지는 부류 그리고 이 문제에 재앙적으로 반응하는 부류 등 세 부류로 나뉜다고 말했습니다. 문제는 내가 어느 부류에 속하는지는 하루 이틀 수면이 부족하거나, 밤샘 작업을 했다고 알 수 있는 게 아니라는 것입니다. 부모가 되고 한 달, 두 달 장기간 수면 부족에 시달릴 때 비로소 알 수 있습니다.

이거였습니다. 선배 부모들이 '부모 노릇은 부모가 되어야만 알게 된다'던 이유요. 그때는 '비밀도 아니고, 그냥 좀 설명해주지' 싶었는데 막상 제가 부모가 되니 후배 부모들에게 똑같은 말을 반복하고 있었습니다. 내가 얼마나 궁금했는지 알고 있기에 잘 설명해주고 싶었는데 같은 말을 반복하게 되는 것이 답답했습니다. 그런데 비밀이어서가 아니라, 알려주고 싶지 않아서가 아니라, 아이를 돌보는 '특수한' 상황이 모든 경험을 특수하게 만들기 때문에 말해주지 못한 것이었습니다. 가령 딩어스 교수의 말처럼 하루 이틀 잠이 부족한 것과 매일 잠이 부족한데 그 부족한 수면 시간마저 아이의 울음에 의해 수시로 깨는 것은 '잠이 부족하다'라고 똑같이 표현하지만, 완전히 다른 경험입니다. 바빠서 내

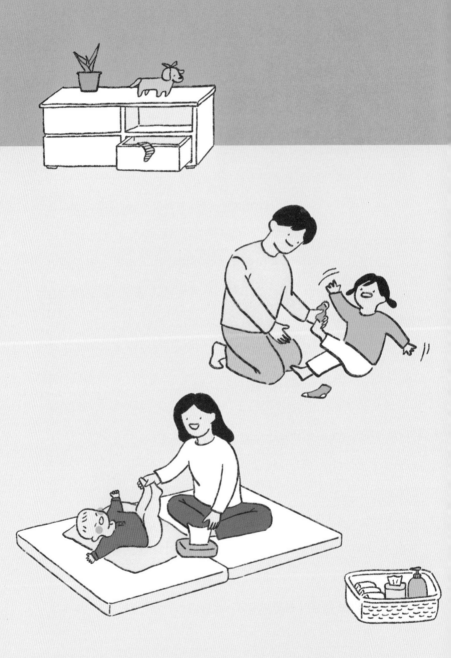

시간이 너무 없다는 것과 언제 어떤 일이 생길지 몰라 24시간 대기모드로 아이 곁을 지키느라 내 시간이 없다는 것은 '내 시간이 너무 없어'라고 똑같이 표현하지만, 완전히 다른 경험이고요. 부모가 된다고 온전히 새로운 경험을 하는 것은 아니었지만 완전히 다르게 다가왔습니다.

행복도 마찬가지입니다. 첫째에게 물었습니다.

"웅이는 언제 행복해?"

"장난감 샀을 때! 그리고 잔치국수 먹을 때!"

"엄마도 그랬거든. 막 기분이 좋을 때, 막 웃음이 날 때 행복해. 그런데 엄마가 되니까 너랑 결이 기분이 좋으면 엄마도 따라서 기분이 좋은 거야. 너랑 결이가 웃으면 막 힘들다가도 엄마도 웃게 되는 거야. 그것도 행복하더라."

"나도 그래! 엄마 기분이 좋으면 나도 기분이 좋아!"

"기저귀를 가는 게 힘든데 기저귀를 갈아주면 네가 방긋 웃었거든. 그래서 좋았어. 밥을 해주면 너희들이 맛있게 먹고 쑥쑥 자라서 또 행복했어. 엄마가 되기 전에는 칭찬을 받고, 갖고 싶은 걸 가졌을 때 행복한 줄 알았는데 너희들을 만난 뒤로는 칭찬할 때, 무언가를 줄 때도 행복하다는 걸 알았지. 너희들이 잘 자라고 너희들이 행복할 수 있게 도울 수 있어서 엄마도 행복해."

흔히 즐거울 때 행복하다고 표현하지만, 이는 반쪽짜리 행복입니다. 정신과 전문의인 김진세 박사는 진정으로 행복하려면 의미를 찾아야 한다고 말합니다. 행복은 '즐거움과 의미가 공존하는 포괄적 감정 상태'이기 때문입니다. 아이들을 돌보는 것은 고단한 일이지만 의미 있습니다. 의미 있는 고단함은 행복으로 이어집니다.

즐거움이 없어진 것만도 아닙니다. 아이가 태어나 주말 아침 늦잠을 자지 못했을 때, 친구들과 만나기 어려워졌을 때, 내 옷은 내려놓고 아이 옷을 살 때… 너무도 쉽게 누릴 수 있는 기쁨이었는데 이제는 사치가 되었구나 한숨이 나는 것은 사실입니다. 그런데 반대로 주말 아침 일찍 일어난 덕분에 아침 산책의 즐거움을 알게 됐습니다. 대학 시절 친구들은 자주 만나지 못하지만, 또래 아이를 키우는 부모들을 새 친구로 얻었습니다. 잃은 기쁨도 있지만 얻은 기쁨도 있습니다. 새로운 경험에서 새로운 기쁨을 발견합니다.

아이를 키우며 발견하는 일상의 특별함

어렸을 때 시금치를 싫어했습니다. 그걸 아는 엄마는 "천천히 꼭꼭 씹어봐. 잘 씹으면 단물이 나와"라고 하시며 숟가락에 꼭 얹어주셨습니다. 하지만 말 들을 리 없죠. 하기 싫은 숙제를 억지로 하듯이 입에 넣자마자 꿀꺽 삼켜버렸습니다. "맛없잖아!" 소리를 지르면서요.

결혼하고 직접 요리하기 시작하며 처음으로 시금치나물을 무쳤습니다. 시금치는 여전히 좋아하지 않았지만 간을 봐야 하니 먹게 되더군 요. 엄마 말씀이 생각나 천천히 꼭꼭 씹어봤습니다. 정말 달더군요! 씹 으면 씹을수록 단맛이 느껴졌습니다. 맛있었습니다. 그 뒤로 시금치나 물은 제가 가장 좋아하는 반찬 중 하나입니다.

부모가 되기 전 제 일상은 엄마가 밥 위에 올려주시던 시금치와 닮 았습니다. 시금치의 맛은 모르지만 먹으라고 하시니까 꾸역꾸역 삼켰 던 것처럼 일상의 즐거움보다는 '해야 한다'는 의무감에 열심히 해치웠 습니다. 부모가 된 지금은 시금치를 꼭꼭 씹어 단맛을 음미하는 것처럼 일상에 주의를 기울여 의미를 발견하고 즐기고 있습니다.

아이들 덕분입니다. 어렸을 때는 엄마가 "천천히 꼭꼭 씹어라"라 고 말해주셨다면 지금은 아이들이 "엄마, 잠깐 이거 봐봐"라며 멈춰 세 워줍니다. "엄마 여기 개미 있어!", "저기 노란 꽃이 피었어" 같이 보자 고 손을 잡아끕니다. '바쁜데…'라는 마음을 누르고 아이들을 따라가면 '그랬네. 여기 개미가 있었네', '꽃이 언제 이렇게 피었지' 세상이 다시 보이며 슬며시 웃게 됩니다.

스탠퍼드장수센터 로라 카스텐슨Laura Carstensen 소장은 어르신들과 의 인터뷰를 통해 어르신들은 시간에 관해 젊은 사람들과 전혀 다른 관 념을 가지고 있다는 사실을 알아냈습니다. 젊은 사람들이 '시간이 없 다'고 말할 때 시간은 '하루 동안'을 말하는 반면 어르신들에게는 '남은 일생'을 뜻했습니다. 젊은 사람들에게 시간은 내일이 또 주어질 것이지만 어르신들에게는 내일은 없을지도 모르는 것입니다. 그래서 어르신들은 내 삶에서 중요한 일을 내일로 미루지 않습니다. 남은 사람들에게 어떻게 기억될지, 무엇을 남길지를 생각하며 시간을 씁니다. '시간 시야'를 좁힌 덕분에 어르신들은 젊은 사람들보다 행복합니다. 연령대별 행복도를 조사해보면 행복감은 20대부터 40대까지 감소하다가 50대를 지나며 상승합니다. 40대보다는 50대가, 50대보다는 60대가 행복했습니다.

아이들과 함께 있으면 '시간 시야'가 좁아집니다. 어르신들이 남은 일생을 떠올리며 하루에 충실하다면 부모인 저는 아이들의 '이 순간'이 지나갈 것을 알기에 가급적 놓치지 않으려고 합니다. 아장아장 걷는 순간, 자면서도 더듬더듬 내 품을 찾는 순간, 부정확한 발음으로 "사랑해" 말하는 순간은 지금 놓치면 다시 돌아오지 않으니까요. 제니퍼 시니어의 말처럼 '상실의 가능성' 때문에 부모는 가장 기쁜 순간 동시에 슬픔을 경험하는 것 같습니다. 언젠가 떠나갈 것이기에, 아이가 자라며 이 순간들이 지나갈 것이기에 지금 이 순간이 더 소중하고 아쉽습니다. 그래서 눈으로, 마음으로 아이를 한 번 더 담아두려고 합니다.

그런데 제가 놓친 것이 있더군요. 여름이면 매미를 잡으러 가자는 아이에게 "너 세 살 때 매미 소리가 무섭다며 자다 깨서 엉엉 운 적이 있어"라고 했더니 "그래서 아빠가 창문 두드려서 매미 쫓아줬잖아!"라고 했습니다. "그게 기억나?" 놀라 물었더니 당연하다는 듯 말했습니다. "그럼~"

　내가 아이의 '이 순간'에 주목하는 동안 아이도 서른 살의 나, 서른다섯 살의 나, 마흔 살의 나를 주목하고 있었습니다. 내가 아이를 기억하는 것처럼 아이도 나를 기억하고 있고요. 그렇다면 나는 아이를 한 번 더 담아두려는 노력만큼 아이에게 어떻게 담길지도 유념해야 했습니다.

　그 뒤로 종종 '내 삶이 5년 남았다면'을 가정합니다. 처음에는 '시간 시야'를 1년으로 좁혀봤습니다. 아이만 보이더군요. 10년으로 넓혔더니 지금과 크게 다르지 않아 보였고요. 5년으로 좁히자 나와 아이, 내 가족으로 관심이 집중되었습니다. 아이들과 어떤 추억을 쌓을지, 아이들에게 어떤 모습으로 기억될지, 무엇을 보여주고 싶은지가 최우선순위가 되었고, 늘 신경 쓰이던 타인의 시선이나 타인의 인정은 자연스럽게 뒤로 밀려났습니다. 그러자 부모가 되며 복잡해진 줄 알았던 일상이 명료해졌습니다. 명료해진 하루하루가 쌓이며 삶 전체가 명료해지는 것 같습니다.

부모로 산다는 것

제니퍼 시니어 지음 | 이경식 옮김
알에이치코리아
2014년 4월

아이가 부모의 삶에 미치는 영향과 그 과정에서 부모는 무엇을 경험하는지를 각종 연구 결과를 토대로 풀어냈습니다. '부모가 되니 어때?'라는 질문에 머릿속에는 답이 뭉게뭉게 피어오르는데 입 밖으로 나오는 적당한 말이 생각나지 않을 때 내밀면 좋은 책입니다. 부모가 된 소감은 한두 문장으로 말하긴 부족할 뿐더러 복잡미묘하기 때문이지요. 원제 'All joy and no fun'처럼 재미는 없지만 즐겁고, 힘들지만 행복한 게 부모 노릇같습니다. 꼭 '뜨거운 아이스아메리카노'와 같달까요. 왜 아이를 낳았는지 모르겠다며 한숨을 쉬면서도 부모들은 둘째를 계획하는 것처럼요.

같이 생각해봐요

✳ 자기 전 침대에 누워 행복했던 순간 세 가지를 꼽아보세요.

✳ 다시 태어난다면 다시 부모가 되고 싶나요?

부모가 되어 '힘들어서 행복하지 않아'가 아닌

'힘들지만 행복해'를 알게 되었습니다.

소중하기에 기꺼이 감내합니다.

Chapter 2

부모가 되고 배웠습니다

: 현실 가능한 육아의 기술

가족회의 :

가족, 같이 문제를 해결하는 우리 팀

《아이만큼 자라는 부모》를 읽고

가끔 어린 시절 우스운 기억이 떠오릅니다.

"우리 엄마가 이렇게 하라고 했거든!"

"아냐! 우리 엄마가 이게 맞다고 했어!"

무슨 이유였는지 정확하게 기억나진 않지만, 친구와 각자 '우리 엄마 말이 맞다'고 싸우다 둘 다 엉엉 울며 집으로 돌아왔습니다. 현관문을 열었는데 엄마가 보이니 어찌나 서럽던지요. "엄마, 엄마 말이 맞지?" 꺽꺽 울며 확인을 구했습니다.

부모가 된 어느 날 이 기억이 났습니다. 아마 친구 엄마도 우리 엄마도, 둘 다 틀렸을 가능성이 높다는 생각에 혼자 큭큭 웃음이 났습니다. 부모가 되고 부모 말이라고 모두 정답이 아니라는 걸 알았거든요. 정답이라고 믿고, 정답인 척할 뿐이죠.

아이, 소극적인 참여자가 아닌 적극적인 협력자

"아이들에게는 규칙이 필요하다. 하지만 부모가 정답을 제시하지는 말아라."

상충하는 것처럼 들렸지만 교집합이 있었습니다. 부모와 아이가 함께 규칙을 정하고, 그 규칙을 함께 지키는 것입니다. '민주적 부모'를 넘어 '민주적 가족'이 되는 것이지요. 그전에는 부모인 제가 규칙을 정하려 했다면 '민주적 가족'이 된 뒤에는 아이가 함께 논의해 우리 가족의 규칙을 정합니다.

가족회의를 활용합니다. 지금은 '가족회의'를 하지만 아이들이 어렸을 때는 '과자 파티'로 접근했습니다. 매주 금요일마다 출근하며 아이들에게 먹고 싶은 과자 한 봉지씩을 말하라고 했습니다. 퇴근할 때 아이들이 말한 과자와 저와 남편이 먹을 주전부리를 사 왔고요. 저녁을 먹고 모두 둘러앉아 간식을 먹으며 주말 계획을 짰습니다. "내일은 웅이와 결이는 어린이집에 안 가고, 엄마·아빠는 회사에 안 가는 주말이네. 우리 뭐 할까?" 묻는 거죠. 으레 엄마·아빠가 준비한 계획을 따라 왔던 아이들이라 처음에는 "뭐 할 건데?" 되묻더니 금세 적응해서 하고 싶은 것을 줄줄 말했습니다.

"키즈카페 가자!"

"자전거 타러 갈래."

"낚시하러 갈까?"

"동물한테 밥도 주고 싶어."

아이들이 하고 싶은 것을 충분히 이야기하면 저와 남편도 보탭니다.

"공룡 전시회도 시작했대."

"할머니 · 할아버지도 뵙고 싶다."

이렇게 모인 의견을 하나하나 살핍니다.

"키즈카페는 지난주에 갔는데 이번 주에도 가고 싶어?", "내일 비가 온다고 했는데 자전거를 타러 갈 수 있을까?" 이야기를 나누며 가족 모두가 동의하는 계획으로 좁힙니다.

아이들이 의견을 말하고, 의견을 듣는 데 익숙해진 뒤로는 문제 행동을 해결하는 데도 활용하고 있습니다. 잠잘 시간마다 5분만 더 놀겠다고 떼를 쓴 주 과자 파티 시간에는 "요즘 웅이가 잘 시간이 되면 5분 더 놀고 싶다고 하잖아. 엄마는 그래서 웅이와 실랑이를 하고 결국 울면서 잘 때가 많아서 속상해" 이야기를 나눕니다. 단, 공개적으로 혼난다는 느낌을 방지하기 위해 "엄마도 웅이랑 같이 웃으면서 잘 수 있는 방법을 찾고 싶어"라고 덧붙입니다.

임상심리학자 셰팔리 차바리Shefali Tsabary가 저서 《아이만큼 자라는 부모》에서 "부모를 공격적이라고 받아들인 자녀는 부모에 대한 자기보호적이고 자기방어적인 반응을 보일 수 있다"고 말했거든요. 부모가 공격적이면 아이는 자신을 방어하기 위해 공격적으로 받아친다는 것입니다. 공격에 방어하는 것은 인간의 본능입니다. 반대로 부모가 협력적으로 접근할 때 아이도 협력적으로 접근합니다. '같이 방법을 찾아보자'고 하니 아이도 '그럼 침대에 누워서 책 한 권을 읽어달라'는 식으로 절충안을 내놨습니다. 협력적으로 논의하니 차바리의 말처럼 아이는 '소극적인 참여자에서 적극적인 협력자'가 됐습니다.

가족회의가 가장 큰 힘을 발휘할 때는 역시 규칙을 정할 때입니다. 우리 집에는 TV가 없습니다. 첫째를 임신했을 때 없애서 지금까지 없습니다. 그렇다고 아이들이 동영상을 보지 않는 것은 아닙니다. 어렸을 때는 하루에 한 편씩 보여줬고 첫째가 여덟 살, 둘째가 여섯 살인 올해는 각각 두 편씩 골라서 봅니다. 특히 첫째는 올해 처음 게임을 시작했습니다. 어느 날 진지하게 엄마·아빠와 할 이야기가 있다고 하더군요. '친구들이 모두 게임을 하는데 나는 하지 않으니 이야기할 때 재미가 없다'는 것이었습니다. 그럴 수 있겠다 싶었습니다. 저만 해도 TV가 없으니 집에서 아이들에게 집중하는 데 도움이 되고 아이들도 책과 가깝게 지내 좋지만, 지인들과 만나면 대화에 낄 수 없을 때가 있거든요. 모임이 있는 날은 인기 있는 드라마, 예능프로그램 뉴스를 일부러 찾아 보고 갈 때가 있습니다.

첫째의 게임을 안건(?)으로 가족회의를 열었습니다. 첫째가 친구들처럼 게임을 하고 싶다고 했고 저와 남편은 그동안은 게임을 하기에 어렸지만 이제 초등학생이니 해도 좋다고 말했습니다. 다만 게임 중에는 여덟 살이 하기에는 공격적이고 잔인한 것들이 많다는 점과 동영상보다 더 중독성이 강해 한번 시작하면 끝내기 쉽지 않다는 점이 걱정되니 규칙을 정하자고 했습니다. 첫째는 어떤 게임을 하고 싶은지 목록을 적을 테니 그중에 같이 고르자고 했습니다. 좋은 방법이었습니다. 평소 게임을 좋아하는 아빠도 초등학생이 할 만한 게임을 골라보겠다고 했습니다. 시간은 규칙으로 정하기 어려웠습니다. 동영상은 보통 한 편에 15~20분이니 두 편으로 제한했는데 게임은 쉬운 판도 있고 어려운 판도 있으니 시간을 가늠하기 애매하니까요. 일단 평일 30분, 주말 1시간으로 정하고 10분 남으면 남은 시간을 알려주기로 했습니다.

동영상 시청 규칙은 남편과 제가 정하고 아이들에게 "동영상은 하루에 두 편, 오후 5시부터 보는 거야" 전달했습니다. 실랑이 없이 모니터를 끄기까지 몇 개월은 걸렸던 것 같습니다. 게임 규칙은 가족회의를 통해 정했고 다음 날부터 무리 없이 적용됐습니다. 물론 "한 판만 더 하고 싶다", "이 게임 꼭 해보고 싶은데"라며 아쉬워하기도 합니다. 그럴 때면 저도 "벌써 30분이 지나 버렸네", "몇 살에 하면 좋을지 상의해보자" 규칙 안에서(?) 같이 아쉬워합니다.

갈등, 부모와 아이가 협력할 기회

차바리는 가족회의에서 한 걸음 더 나아가 '윈-윈 접근법'을 제시했습니다. 아이의 의견을 반영하는 것을 넘어 부모와 아이 양쪽 모두에게 이익이 되어야 한다는 것입니다. 보통 문제 상황에서 부모는 아이의 의견대로 해주거나, 반대로 부모의 힘과 권위를 이용해 아이를 따르게 합니다. 이렇게 될 경우 부모와 아이 사이에 문제가 발생하면 둘 중 한쪽은 이기고, 한쪽은 지는 상황이 됩니다.

'윈-윈 접근법'에서는 문제가 발생했을 때 이기고 지는 싸움이 아닌 부모와 아이 중 어느 한쪽도 '양보'하지 않고 양쪽 모두 만족할 해결책을 찾는 협력할 기회로 여깁니다. '각자의 바람을 될 수 있는 한 만족시키는 것이 목표이기에 누군가의 항복은 존재하지 않는다는 점'이 핵심입니다. 즉 보통의 경우 문제를 사이에 두고 부모와 아이가 대립한다면

일반적인 접근법 vs '윈-윈 접근법'

'윈-윈 접근법'에서는 문제를 마주하고 부모와 아이가 협력해 같이 해결해나갑니다.

신혼 초 부부싸움을 할 때가 생각났습니다. 집안일을 두고 서로 '내가 더 많이 한다. 아니다 내가 더 많이 한다' 신경전을 자주 했습니다. 신경전에서 진 사람이 집안일을 하게 되니 서로 자신이 더 힘들다고 피력했습니다. 누군가는 이기고 누군가는 져야 결론이 나니 신경전은 치열했습니다. 결론이 난 뒤에도 뒤끝이 남았습니다.

이건 아니다 싶었습니다. 집안일은 서로에게 미뤄야 할 일이 아닌 같이 해야 할 일이었다고 생각하니 그동안 괜히 아군끼리 싸웠구나 싶더군요. 같은 팀이어야 하는 두 사람이 아군 적군으로 나뉘어 자신을 공격한 것 같았달까요.

아군끼리의 싸움을 멈추고 힘을 합쳐 집안일이라는 적군을 해치우기로(?) 했습니다. 누가 할지를 두고 신경전을 벌이는 대신 어떻게 하면 가장 빨리, 합리적으로 집안일을 할 수 있는지를 같이 고민하기 시작했습니다. 고민하다 보니 집안일을 누가 할지도 정해졌습니다. 신경전의 패자가 아닌 적임자가 보였으니까요. 뒤끝도 없었습니다. 남편도 저도 결론에 흡족했습니다.

아이와의 문제도 이렇게 풀어나가면 되겠구나 싶더군요. 부모이니 아이에게 양보해야 한다는 생각을 버렸습니다. 부모이니 아이를 강압해도 된다는 생각도 버렸습니다. 문제를 해결하고자 하는 마음의 크기

만큼은 부모나 아이나 다르지 않습니다. 동등한 존재로서 아이와 협력해 문제를 마주합니다. '상대방'이 아닌 '문제'와 '건설적으로 씨름'을 하는 것입니다.

아이들과 협력하기 위해 침대를 활용했습니다. '침대 회의'입니다. 일단 문제가 발생하면 누군가 "침대에 모여"라고 말합니다. 우리 가족에게 해결해야 할 문제가 생겼다는 신호입니다. 침대에 모이면 모두 바짝 붙어 눕고 허공에 문제가 떠 있는 상상을 합니다. 다 같이 그 문제를 해결하는 것이 목표입니다.

'침대 회의'는 장점이 많습니다. 서로 얼굴을 마주하지 않고 나란히 누우니 물리적으로도 한 팀이라고 느껴집니다. 살붙이고 이야기를 하게 되니 조금 더 편안하고 따뜻한 분위기도 만들어지고요. 문제와 씨름하는 데도 도움이 됩니다. 상대방이 아닌 문제와 씨름하려면 우선 문제를 상대방과 떼어내야 하는데 아이들은 물론이고 어른에게도 낯선 시도죠. 침대에 누워 허공에 문제를 던지면 상상을 하게 되니 내 문제일 때도 나와 문제를 떼어내기 수월합니다.

'침대 회의'에서 완성되는 가족 문화

사실 침대 회의는 아이들보다 제가 더 즐겁습니다. 아이들이 엉뚱한 상상이 많고 독특한 해석이 많을 때라 재밌는 방법을 많이 내놓거든요. 아이들이 그림을 그리며 놀고 있기에 남편에게 조용히 회사에서 있었던 힘든 일을 털어놨더니 어느 순간 다가와 장난감 칼을 내민 적이 있습니다. "엄마 괴롭히는 사람 있으면 이 칼로 무찔러" 진지한 표정으로 말하면서요. 다음 날 출근해서 PC 모니터에 붙여놨더니 어찌나 든든하든지요.

그러다 보니 소소한 일로도 가족들을 침대로 불러 모읍니다. 저녁 메뉴를 정하는데 후보가 좁혀지지 않으면 "침대로 가자!" 외치고 첫째와 둘째가 서로 먼저 씻으라고 미뤄도 "침대에서 해결하고 와"라고 합니다. 어떻게 보면 '문제다운 문제'보다 '문제 같지 않은 문제'가 안건일 때가 많습니다. 진지한 문제를 제대로 해결하고 싶기도 하지만 아직은 아이들이 어려서 무거운 문제보다는 일상 속 문제가 더 많습니다. 일상 속 문제들이라 소소하긴 하지만 소소하다고 덜 중요한 것은 아닙니다.

실제로 문제를 해결하는 것도 중요하지만 다 같이 힘을 합쳐 문제를 해결하는 경험 자체가 가족 문화를 만들어가는 과정이기도 하고요. 둘째가 한여름 아침에 패딩점퍼를 입고 어린이집에 가겠다고 하다가 첫째도 저도 난감한 표정을 짓자 "침대에서 얘기해"라고 한 걸 보면 잘 자리 잡고 있는 것 같습니다.

아이들의 문제만 침대에서 나누는 것은 아닙니다. 제 (장난스러운) 고민을 안건으로 올리기도 합니다.

아이들과 협력하기 위해 침대를 활용했습니다. '침대 회의'입니다. 일단 문제가 발생하면 누군가 "침대에 모여"라고 말합니다. 우리 가족에게 해결해야 할 문제가 생겼다는 신호입니다. 침대에 모이면 모두 바짝 붙어 눕고 허공에 문제가 떠 있는 상상을 합니다. 다 같이 그 문제를 해결하는 것이 목표입니다.

"엄마가 요즘 어금니가 아픈데, 매일 아픈 건 아니고 가끔 아프거든. 거울로 봐도 썩은 것 같지는 않은데 계속 아프니 신경이 쓰여. 어떻게 하면 좋을까?"

"치과에 가야지!"

"너도 치과가 얼마나 아픈지 알잖아."

"나도 아플까 봐 엄마한테 말 안한 적 있었는데 나중에 가서 더 아팠어. 나는 엄마가 치과에 가서 아픈 것도 싫지만 치과에 가지 않아서 아픈 것도 싫어."

"아플 텐데…"

"내가 손잡아줄게. 용기 내."

아이들이 잠들면 혼자만의 '침대 회의'를 하기도 합니다. 저는 걱정이 많거든요. 게다가 곱씹는 편이라 걱정을 생각하고 또 생각하며 스트레스를 많이 받습니다. 아이들 숨소리를 들으며 조용히 누워 걱정거리를 허공으로 던집니다. 혼자 속으로 끙끙 앓고 있다가 허공으로 던지는 것만으로도 가벼워집니다. '내 걱정'이라고 생각했을 때는 어떻게 해결할까를 고민했는데 허공에 던지면 객관적으로 볼 수 있습니다. 걱정이 낳은 걱정일 뿐이었다는 것이 보이죠. '별거 아니었네' 피식 웃으며 잠듭니다.

가끔 나도 남편도 세상을 떠난 뒤를 떠올립니다. 우리가 아이 곁에 없을 때 어려운 상황이 닥치면 어쩌지, 도와줄 수 없어 많이 안타까울 것 같습니다. 하지만 그 순간 문제를 마주하고 끝까지 답을 찾아내는 아이가 떠오르면 안심할 것입니다. 아이가 '엄마·아빠가 살아계셨다면 조언을 구할 텐데' 아쉬워하기보다 지인들 손을 잡고 이야기를 나누며 적극적으로 방법을 찾는다면 더 바랄 것이 없고요. 이야기를 나누다 보면 내 안에 숨겨진 최선의 답이 나온다는 것을, 힘을 합치면 더 많은 최선을 찾을 수 있다는 것을 아는 어른으로 자라길 바랍니다.

이 책을 읽고 썼어요

아이만큼 자라는 부모

세팔리 차바리 지음 | 김은경 옮김
알에이치코리아
2018년 9월

아이를 가르치고 훈육하는 등 당연히 부모의 역할이라고 생각했던 것들에 의문을 제기하고 대안을 제시합니다. 아이 덕분에 한 번 더 생각하게 되는 일이 많습니다. 뒤집어 생각하게 되고 새로운 방법을 찾게 되지요. 나에게는 너무도 당연한 것인데 아이는 망설일 때, '내가 잘못 생각했나?' 의심하게 됩니다. 이 과정이 일상을 풍요롭게 합니다. 그래서 아이에게 자주 묻고, 제 생각도 말해줍니다. 의견을 주고받는 것이지요. 시발점이 이 책이었습니다. 저자의 말처럼 부모는 아이보다 우월하지 않습니다. 아이를 부모와 동등한 존재로 바라볼 때 아이는 부모와 동등하게 자랍니다.

같이 연습해봐요

◉ 이번 주말에 무엇을 할까, 가족이 모두 모여 정해보세요. 조건 하나. 엄마 아빠가 가고 싶은 곳도 말하기!

엄마

....

아빠

....

첫째

....

둘째

....

◉ 내 고민을 아이들에게 털어놓고 조언을 구해보세요.

감정코칭 :

자신을 지지하는 아이로 키우고 싶다면

《내 아이를 위한 사랑의 기술》을 읽고

아이가 자란다는 것은 아이의 등을 보는 일이 많아진다는 뜻 같습니다. 태어났을 땐 품에 안겨 저만 말똥말똥 바라봤던 아이였는데 걷고 뛰기 시작하며 손을 잡고 같은 곳을 바라봤고 더 자라니 먼저 뛰어가 "엄마, 이것 좀 봐봐"라며 자신이 바라보는 곳을 같이 보자는 일이 많아지거든요. 그러면서 저는 아이의 등을 자주 바라보게 됩니다. 자전거를 타고 쌩 제 앞으로 달려 나가는 아이를 보고 있으면 혹시 넘어지진 않을까 불안하면서도 뒤 한 번 돌아보지 않고 씩씩하게 멀어지는 모습이 기특하기도 합니다. 기분이 참 묘합니다. '부모로서 나는 무엇을 해줘야 하나' 고민도 되고요. 어린 시절을 떠올리며 힌트를 찾아봤습니다. '나는 부모님께 무엇을 원했던가'를 생각해봤습니다.

어렸을 땐 부모님이 '정답 창구'였습니다. 옳고 그름, 되는 것과 안 되는 것의 답을 부모님께 구했습니다. 부모님이 맞다고 하면 맞는 것이었고, 부모님이 틀렸다고 하면 틀린 것이었습니다. 몰라서, 알기 위해서 진짜 질문을 했죠. 자라면서는 알면서 묻는 게 많아졌습니다. 옳은 선택을 했는지 확신이 없을 때 부모님 생각이 났습니다. 잘할 수 있을지 자신이 없을 때 부모님 생각이 났습니다. 진짜 질문이라기보다 '잘하고 있다'는 말이 듣고 싶을 때 부모님을 찾았습니다. 부모님은 그 마음을 아셨던 것 같습니다. 억지라는 걸 알면서도 인정하기 싫을 때 부모님께 '억울함'을 토로하면 허공에 삿대질을 하시며 "사람들이 잘 몰라서 그렇다. 네가 맞다"고 해주셨거든요. 그러면 저는 마음이 누그러져 "아냐. 내가 억지 부렸어" 비로소 인정했습니다. 부모님이라고 억지라는 걸 모르셨을 리 없습니다. 억지를 부리고 싶은 제 마음부터 읽어주신 거죠. 그 마음에 동의를 받은 저는 다시 힘을 낼 수 있었고요.

그래서 부모로서 저는 아이가 자랄수록 아이의 마음을 읽으려고 합니다. 동시에 아이는 자신의 마음을 읽을 줄 아는 사람으로 키우고 싶습니다.

마음 읽기가 먼저인 이유

뇌 과학자인 폴 맥린Paul MacLean 박사는 1960년대에 인간의 뇌가 크

게 뇌간, 변연계, 대뇌피질 등 삼중구조로 이루어져 있다는 것을 밝혀 냈습니다. 가장 안쪽에 위치한 '뇌간'은 호흡, 혈압, 체온, 심장 박동을 조절하는 등 주로 생존과 관련된 기능을 담당한다고 하여 '생존의 뇌' 라고 불립니다. 중간에 위치한 '변연계'는 호르몬을 조절하며 감정을 다스리고 기억을 주관해 '감정의 뇌', 가장 바깥쪽에 위치한 것은 '대뇌 피질'인데 그중에서도 이마 뒤에 위치한 '전두엽'은 생각하고 판단하며 충동을 조절하는 역할을 담당하며 '이성의 뇌'라고 불립니다.

위치와 기능에 따라 발달 순서도 다릅니다. 뇌간은 생존을 좌우하는 만큼 태어날 때 이미 완성되어 있습니다. 변연계는 태어날 때부터 발달을 시작해 사춘기가 끝날 즈음에 거의 완성되며 대뇌피질은 변연계가 어느 정도 완성된 초등학교 고학년쯤 발달하기 시작해 성인이 되어서도 발달을 계속합니다. 즉 아이들은 '감정의 뇌'가 발달 중이며, '이성의 뇌'는 발달 전이라는 겁니다.

'감정의 뇌'가 발달 중인 아이들에게는 감정을 읽어주는 것이 중요합니다. '감정의 뇌'가 발달 중이라고 했지만 그렇다고 아이들이 감정을 느끼지 못한다는 것은 아니거든요. 기쁘고 슬프고 화가 나고 즐겁고 행복하고 짜증이 나는 등 모든 감정을 느낍니다. 다만 그 감정이 무엇이고 어떻게 표현해야 좋은지는 잘 모른다는 뜻입니다. 특히 부정적인 감정이 느껴지면 낯선데 불쾌하기까지 합니다. 울고 떼를 쓰고 발버둥을 치며 어떻게든 감정을 표현하죠. 이때 "짜증이 나서 소리를 쳤구나", "속상해서 울고 있구나" 아이의 감정을 알아주고 이해해주면 금방 감정을 추스르고 안정을 찾습니다. '아, 내가 짜증이 난 거구나', '속상한 거구나' 알게 되고 '이렇게 알아주는 걸 보니 나만 이렇게 느끼는 것이 아니라 다른 사람도 똑같이 느끼는구나' 안도하는 것입니다. 반대로 "누가 그렇게 울래!", "한 번만 더 떼쓰면 혼날 줄 알아!" 혼이 나면 '울음이 나는 걸 어떡해!' 방어적으로 되거나 '내가 잘못한 건가?', '나만 이렇게 느끼나?' 움츠러들 수 있습니다.

'이성의 뇌'가 발달하기 전이라는 점에도 주목해야 합니다. 이 말은 아이들에게는 이성적으로 접근해도 소용이 없다는 뜻이니까요. 친구와 놀다 토라져 울 때 "같이 놀다가 생긴 일로 울면 안 되는 거야"라고 말해봤자 '이성의 뇌'가 미성숙한 아이들에게는 소귀에 경 읽기일 뿐입니다. 선생님께 혼나 속상하다는 아이에게 "선생님이 혼낸 이유가 있으실 거야" 말하는 것도 마찬가지입니다. '속상하구나' 마음을 읽어줘 감정부터 안정시키는 것이 우선입니다. 아이들이 아직 '이성의 뇌'가 발달하기 전이기 때문이기도 하지만 뇌는 구조상 '감정의 뇌'가 안정이 되어야 '이성의 뇌'가 작동을 합니다. 어른도 마찬가지입니다. 너무 화가 나서 아무 생각도 할 수 없을 때, 불안해 가만히 앉아 있기도 힘들 때 '차분히 생각해보자', '이성적으로 판단해보자'라고 아무리 노력해도 마음대로 되지 않습니다. 감정의 뇌가 흥분해 이성의 뇌가 마비됐기 때문입니다. 이성의 뇌가 작동하려면 일단 감정의 뇌가 안정되어야 합니다.

　그래서 미국의 심리학자인 존 가트맨John Gottman은 저서《내 아이를 위한 사랑의 기술》에서 아이의 감정을 코칭해 올바른 방향으로 발전할 수 있게 도와주는 감정코칭을 제시했습니다.

아이의 감정을 돌보기 전 나부터 점검하기

　가트맨은 본격적인 감정코칭에 앞서 자기 점검을 권했습니다. 부모는 자신의 감정을 대하는 태도로 아이의 감정을 대하기 때문입니다. 이 말은 지금 내가 내 감정을 대하는 태도는 우리 부모님이 내 감정을 대했던 태도에 바탕을 둔다는 뜻이기도 합니다. 그래서 가트맨은 어린 시절 부모님과 나, 우리 가족을 떠올리며 자기 점검을 해보라고 했습니다.

　친정 식구가 모두 모인 날이었습니다. 친정 부모님과 언니네 부부, 우리 부부, 남동생 부부에 그 사이에서 태어난 손주 넷까지 합하면 모두 열두 명. 외식을 해도 머릿수를 헤아리며 인원수를 파악하는 대가족입니다. 아이들이 모인 곳이면 늘 그렇듯 왁자지껄 정신없는 사이에 쏟아지는 까르르 웃음소리가 듣기 좋았습니다. 그리고 갑자기 터진 울음소리. 장난감 총을 만들어 전쟁놀이를 하다가 세 살배기 조카의 장난감

총이 꺾인 것이었습니다. 조카는 다시 원래대로 돌려놓으라고 울기 시작했고 다른 아이들은 어쩔 줄 몰라 하고 있었습니다.

친정아버지가 "놀다가 생긴 일로 우는 거 아니다. 뚝 그쳐" 엄하게 말씀하셨고 친정엄마는 바로 달려가셔서 "속상하겠네. 할머니가 튼튼한 거로 하나 사줄게. 울지 마" 달래셨습니다. 하지만 막내의 울음은 더욱 커졌고 급기야 친정아버지는 "계속 울 거면 집에 가서 울어라" 큰 소리를 내셨습니다. 지켜보던 언니가 조카를 안고 안방으로 들어가 문을 닫았습니다. 한참 후에야 조카는 언니 품에 안겨 방에서 나왔습니다.

자연스레 어린 시절 이야기로 이어졌습니다. 아빠는 유독 우는 걸 싫어하셨습니다. 훌쩍이기라도 하면 "뚝!" 무섭게 말씀하셨죠. 그 이야기를 꺼내자 남동생은 "그래도 누나는 낫다. 나는 똑같이 울어도 남자라 '남자는 우는 거 아니다. 당장 그쳐!' 더 호되게 혼났다"고 했습니다. 다음 기억은 같습니다. 아빠한테 혼나 숨어서 울고 있으면 엄마가 다가오셨습니다. "우리 딸, 사탕 줄까? 어떻게 하면 기분이 풀릴까?"

가트맨은 아이들의 감정을 대하는 방식에 따라 부모를 크게 두 부류로 나눴습니다. 아이들의 감정에 관여하는 '감정코칭형 부모'와 그렇지 않은 '감정에 관여하지 않는 부모'. 감정에 관여하지 않는 부모는 다시 '축소전환형', '억압형', '방임형' 부모로 나뉩니다.

부모가 아이들의 감정을 대하는 방식

감정에 관여하는 부모 : 감정코칭형

감정에 관여하지 않는부모 : 축소전환형, 억압형, 방임형

축소전환형 부모는 아이의 감정을 중요하지 않거나 대수롭지 않게 취급하며 무시합니다. 부정적인 감정이 빨리 사라지기를 바라는 마음에 기분 전환할 거리를 제공하죠. 감정의 의미 자체보다는 어떻게 하면 그 감정을 잊어버릴까에 초점을 맞춥니다. 억압형 부모는 축소전환형 부모와 비슷하지만 조금 더 부정적입니다. 아이의 감정 표현이 옳은지 그른지 판단하고 비판하며 아이가 감정을 표현한 것 자체를 꾸짖고 벌을 주기도 합니다. 바른 행동이나 기준에 순응할 것을 아이에게 강조하죠. 두 유형 모두 부정적인 감정은 아이에게 나쁜 영향을 주기 때문에 빨리 벗어나야 한다고 믿습니다.

우리 부모님도 그러셨습니다. 왜 그렇게 다그치셨냐고 여쭤봤더니 엄마는 "너희들 울면 엄마가 속상해서 그랬지. 지금도 너희들 표정이 불편하면 엄마 마음이 그래. 늘 행복했으면 좋겠어"라고 하셨습니다. 아빠에게도 물었습니다. "이 세상이 얼마나 험한데 작은 일 하나하나에 울고 웃고 좌지우지되면 어떻게 헤쳐 나가. 강하게 키워야지."

감정을 '좋은 감정'과 '나쁜 감정'으로 구분하고 좋은 감정은 아이에게 좋은 영향을, 나쁜 감정은 나쁜 영향을 끼친다고 생각한 것입니다.

하지만 사실 우리가 흔히 '좋은 감정'이라고 분류하는 기쁨, 즐거움, 행복, 편안함 등은 기분이 좋은 감정이고 '나쁜 감정'이라고 분류하는 슬픔, 외로움, 미움, 분노, 화 등은 기분이 나쁜 감정일 뿐입니다. '옳다 그르다'가 아니라 '유쾌하다 불쾌하다'의 차이죠.

또 감정의 사전적 정의가 '어떤 현상이나 사건을 접했을 때 마음에서 일어나는 느낌이나 기분'이라는 것을 고려하면 감정에서 무작정 벗어나는 것은 해결책이 아닙니다. 모든 감정에는 원인이 있기 때문입니다. 그러니 감정에서 벗어나려고 하기 전에 왜 그런 감정이 느껴졌는지, 정확히 이 감정이 무엇인지를 살피는 게 우선입니다. 아이가 울면 "울 일 아니야", "그만 그쳐. 사탕 줄게" 할 게 아니라 "속상하구나. 무슨 일이 있었어?"라며 마음을 읽어줘야 합니다.

가트맨은 축소전환형과 억압형 부모를 둔 아이는 자신의 감정이 옳지 않고 부적절하며 타당하지 않다고 느끼게 된다고 말합니다. 감정을 지속해서 부정당하며 '나만 이런 건가?', '내가 잘못된 건가?' 생각하게 되며 감정을 숨기게 됩니다. 억압형 아버지와 축소전환형 엄마 밑에서 자란 저도 그렇습니다. 지금도 눈물이 날 것 같으면 '이게 울 만한 일인가?' 괜히 눈치를 보고 서둘러 이 감정에서 벗어나려고 주의를 돌립니다.

그 기억 때문인지 오히려 내 아이만은 슬플 때 마음껏 울고, 화날 때 화낼 수 있는 아이로 키우고 싶었습니다. 그래서 아이의 모든 감정을 받아주려고 노력합니다. 아이가 울면 '속상하구나', '슬프구나' 마음을 읽으며 울음이 잦아들 때까지 기다리려고 합니다. 이렇게 하는 게 감정 코칭이라고 생각했습니다. 하지만 가트맨은 저 같은 부모를 방임형이라고 합니다. 감정을 조절하도록 돕는 게 아니라 감정을 '분출'하게 두기 때문입니다. 감정코칭형 부모는 아이의 감정을 존중합니다. 아이가 화를 내거나 짜증을 내거나 겁에 질려 있을 때 감정 그대로를 인정하고 공감대를 형성합니다. 그리고 감정을 올바로 표현하도록 가르칩니다.

감정을 다루는 또 다른 방법, 감정코칭 5단계

방임형 부모와 감정코칭형 부모의 사이에서 오락가락했습니다. 어떻게 하면 아이의 감정을 코칭할 수 있을까 고민하고 있을 때 지인이 말했습니다.

"우리 이미 감정코칭한 적 있어. 아이들 태어났을 때 생각해봐. 아이들이 울면 배가 고픈가, 기저귀가 축축한가, 졸린가, 지루한가 어르고 살폈잖아. '울지 마!' 소리 지른 적 없지. 왜 우는지 이유를 찾아서 울음이 그치게 도와줬어. 기저귀가 축축해 울었던 거면 '쉬 했구나. 엄마가 금방 갈아줄게. 조금만 참아' 이유를 알려주고 해결해줬지. 그러면 아이가 방긋방긋 웃었잖아. 그게 일종의 감정코칭이야."

> ## 존 가트맨이 제시한 감정코칭 5단계
>
> 1단계 : 아이의 감정 인식하기
>
> 2단계 : 정서적으로 교감하기
>
> 3단계 : 아이의 감정 공감하고 경청하기
>
> 4단계 : 아이가 감정을 표현하도록 도와주기
>
> 5단계 : 아이 스스로 문제를 해결할 수 있도록 하기

생각해보니 아이의 울음에 대응하던 제 모습이 가트맨이 제시한 '감정코칭 5단계'의 축소판이더군요.

아이가 울면 다가가(감정 인식하기) 왜 우는지 살폈고(정서적으로 교감하기) 이유를 찾아 '아이고, 이렇게 배가 고팠으니 울지' 말하며 얼렀고(감정 공감하기) 젖을 물렸습니다(문제를 해결). 아이가 어렸기에 4~5단계까지 부모인 제가 해야 한 것이 달랐을 뿐 감정을 인식하고 공감하고 해결하는 흐름은 같았습니다. 기억을 떠올리며 감정코칭을 시도했습니다.

1단계인 감정 인식하기. 아이들은 언어적 표현력이 아직 미숙하다 보니 감정을 말보다는 행동으로 표현합니다. 그러니 아이의 감정을 인식하려면 행동을 살피는 게 도움이 됩니다. 유치원에 입학한 지 얼마

지나지 않아 둘째가 유독 일찍 일어난 적이 있습니다. 준비도 여유 있게 마쳐 일찌감치 등원하려고 하니 현관문 앞에서 뜸을 들이더군요. 서둘러 나가자고 하면 대답만 하고 뭉그적뭉그적. 말하지 않아도 스스로 신발 신고 엘리베이터를 누르고 기다렸는데 평소와 달랐습니다.

2단계인 정서적 교감하기. '어서 나가자'는 말 대신 "집에 더 있고 싶어?" 물었습니다. 아이는 말없이 고개만 끄덕였습니다. "유치원이 처음이라 낯설구나"라고 하니 또 끄덕끄덕. 웃으며 집에 와 유치원에서 있었던 일을 즐겁게 이야기하기에 잘 적응하고 있다고 생각했는데 막상 유치원에 가려면 긴장이 되는 모양이었습니다.

제가 어렸을 때 이야기를 하며 3단계인 아이의 감정에 공감하기로 넘어갔습니다. "엄마 어렸을 땐 3월이 제일 싫었어. 교실도 낯설고 친한 친구도 없고 선생님도 괜히 무섭고 말이야" 아이가 귀를 쫑긋 세우는 것이 느껴졌습니다. 아이를 안고 "그러다 하루하루 지나면서 조금씩 새 교실, 새 선생님, 새 친구들이 좋아지더라" 덧붙였습니다. 아이가 입을 열었습니다.

"새 친구들이 좋긴 한데 무서워."

"결이가 친구들과 친해지고 싶구나."

"응. 같이 하고 싶은 게 많아."

이어 감정을 표현할 수 있는 질문을 하며 4단계 아이가 감정을 표현하도록 도와주기로 넘어갔습니다.

"새 친구들이 결이한테 같이 놀자고 하면 기분이 어때?"

"신나!"

"그래서 같이 놀면?"

"더 신나지!"

"그럼 결이가 먼저 같이 놀자고 하면 친구들은 어떨 것 같아?"

"좋아할 것 같아. 엄마 빨리 유치원 갈까? 친구들 보고 싶어."

이야기가 진행되니 자연스럽게 5단계로 넘어가더군요. 아이 스스로 해결책을 찾기가 가능해졌습니다. 스스로 일어나 현관문을 나서는 아이를 보니 놀랍더군요. 그리고 내 감정을 드러낼 용기가 생겼습니다. 화가 날 땐 화를 내고, 불안할 땐 불안을 인정할 용기요. 감정을 누르는 데 쓰던 에너지를 감정을 잘 드러내는 데 쓴다면 또 다른 해결책을 찾을 수 있지 않을까 싶었습니다.

168

내 아이를 위한 사랑의 기술

존 가트맨·남은영 지음
한국경제신문사(한경비피)
2007년 4월

대한민국 부모들에게 '~구나'체 열풍을 불러일으킨 책. '~구나'를 시작으로 아이의 감정을 코칭하는 법을 알려줍니다.

해야 할 일과 하고 싶은 일의 균형을 맞추는 사람이면 좋겠습니다. 어떤 일이 하기 싫을 때 무조건 해야 한다고 스스로를 압박하는 것이 아닌 왜 하기 싫은지를 생각해볼 수 있는 사람이면 좋겠습니다. 먼저 하기 싫은 감정에 주목합니다. 그러기 위해서 책은 부모에게 '울지 마', '소리지르지 마'가 아닌 '슬프구나', '화가 나는구나'라고 아이의 감정을 읽어주라고 합니다. 그리고 '어때?'라고 물으라고 합니다. 책대로 실천하니 의외의 소득이 있습니다. 아이의 마음부터 보게 되니 행동을 덜 다그치게 됩니다.

● "기분이 어때?"

　오늘 하루 동안 아이 혹은 지인 다섯 명에게 물어보세요.

● 아래 목록 중 지금 느끼는 감정 세 가지를 골라보세요.

> 자신 있는 / 기쁜 / 든든한 / 괴로운 / 여유로운 / 좌절한 / 감동적인 / 홀가분한 / 외로운 / 사랑스러운 / 열정적인 / 부러운 / 놀라운 / 미안한 / 용기 있는 / 막막한 / 서운한 / 피곤한 / 감사한 / 설레는 / 화난 / 두려운 / 재미있는 / 긴장한 / 신나는 / 짜증나는 / 우울한 / 안타까운 / 슬픈 / 편안한 / 지루한 / 불안한 / 뿌듯한 / 귀찮은 / 무서운 / 만족스러운 / 자랑스러운 / 공허한 / 답답한 / 실망스러운 / 혼란스러운 / 후회되는 / 당황한 / 미운

처음에 고른 감정은 겉감정,

다음에 고른 감정이 속감정일 가능성이 높습니다.

가령 '짜증나'와 '속상해'를 골랐다면 속상해가 속감정.

속이 상해서 짜증이 난 것이지요.

속감정이 진짜 내 마음에 가깝습니다.

구
체
성 :

칭찬의 효과를 제대로 누리려면

《부모와 아이 사이》를 읽고

저는 문과생입니다. 남편을 만나기 전까지 친구들도, 남자친구들도 모두 문과생이었습니다. 대학 4학년 때 지금의 남편을 만났는데 남편은 전공도 이과, 성격도 이과인 전형적인 이과생입니다. 데이트할 때 영화관과 식당, 커피숍 사이의 거리를 계산해 동선을 짜더니 결혼해서는 라면을 끓이며 끓는점을 운운합니다. 근거와 분석이 생활인 사람이죠. 반면 저는 마음으로 판단하고 눈으로 말하고요.

나와는 다른 모습이 신기했습니다. 처음 만난 날 보드게임을 들고나와 조곤조곤 설명하며 승률을 높일 방법을 과학적으로 알려주더니 한 번도 봐주지 않고 최선을 다해 저를 이기더군요. 호감이 있다면 '과학적으로' 져줄 만도 한데 끝까지 이기는 모습이 얄미웠습니다. '대체 이 사람의 뇌 구조는 어떻게 생긴 거야'라는 호기심에 연애를 시작했죠. 재밌었습니다. 서로 다른 만큼 배우는 점도 많았고요. 싸울 때만 빼면요.

제가 마음으로 싸운다면 남편은 머리로 싸웁니다. 저는 상대의 마음이 상했다면 그것만으로도 사과할 일이라고 생각하는데 남편은 객관적으로 잘못이 아닌 일로 마음이 상했다면 사과할 일이 아니라고 생각하죠. 그러니 누군가 화가 나면 남편은 왜 화가 났는지를 구체적으로 꼼꼼히 물으며 화가 날 일인지 아닌지부터 따집니다. 따진 결과 화가 날 일이라면 진심으로 사과를 합니다. 여기서 끝이 아닙니다. 사과했다면, 앞으로는 어떻게 해야 할지를 묻습니다. 객관적이고 논리정연한 접근이었지만 사람의 마음에 근거를 찾고 분석하는 모습이 차갑게 느껴졌습니다. 그래서 연애할 땐 참 싫었는데, 아이를 낳고 키우면서는 도움이 됩니다.

조심해, 위험해, 하지 마가 효과 없는 이유

첫째가 세 살 무렵 일입니다. 놀이터에 갔는데 미끄럼틀을 거꾸로 올라가려고 하더군요. 벤치에서 지켜보던 저는 놀라 뛰어가며 "위험해!" 소리를 질렀습니다. 눈이 휘둥그레진 아이는 그 자리에 얼음처럼 굳었죠. 아이를 안아 내려놓으며 "그러다 떨어지면 어떻게 하려고 그래! 다쳐!" 눈을 부릅뜨고 혼을 냈습니다.

한창 자율성이 발달하는 시기라 그런지 밖에 나가면 엄마·아빠 손도 잡지 않겠다고 고집을 부렸습니다. 어른 손을 뿌리치고 혼자 씩씩하게 걷다가 돌부리에 걸려 넘어지고 부딪히는 일이 잦았습니다. 다리에 멍이 가실 날이 없었죠. 게다가 궁금한 건 무조건 만져보고 먹어보고 다가가니… 아이가 용감해지는 만큼 부모인 저의 "조심해!", "위험해!", "하지 마!"가 늘었습니다. 그런데 자꾸 아이를 저지하는 것 같아 마음에 걸리더군요. 한 번에 효과가 있으면 되는데 그것도 아니었습니다. 수십 번씩 말해도 지적을 할 때만 움찔할 뿐 여전히 조심하지 않고, 위험한지 모르는 것은 마찬가지였습니다. 제 눈치를 살살 살피며 숨어서 '위험 행동'을 반복했죠.

그런데 남편은 저와 다르더군요. 우선 "조심해!", "위험해!", "하지 마!"라고 하지 않습니다. 대신 "잠깐!"이라고 합니다. 미끄럼틀을 거꾸로 오를 때 저는 "위험해"라고 했지만, 남편은 "잠깐"이라고 하는 것이죠. 그리고 아이에게 다가가 "미끄럼틀을 거꾸로 오르면 위에서 내려오는 친구와 부딪혀 다칠 수 있어. 계단으로 올라가 내려오자"라고 합니다. 가만 살펴보니 남편의 저지법에는 3가지 단계가 있었습니다. 1단계는 "잠깐"이라고 말해 일단 아이의 행동을 멈추게 하기, 2단계는 무엇이 잘못됐는지, 왜 위험한지를 설명하기, 3단계는 어떻게 해야 하는지를 알려주기입니다.

딱 연애 싸움을 할 때 모습이었습니다. 먼저 화를 멈추고, 화가 난 이유를 살피고, 다시 화가 나지 않는 방법을 살피는 것이요. 남편의 분석이 불편하면서도 잠자코 있었던 건 수긍했기 때문입니다. 마치 첫째가 "거꾸로 올라가고 싶었어" 떼를 쓰면서도 아빠의 말에 따랐던 것처럼요.

남편에게 배우기로 했습니다. 일단 "위험해!"라고 했으면 왜 위험한지 이유를 덧붙였습니다. 그동안 제가 한 말은 대부분 "떨어질 수도 있어", "크게 다칠지도 몰라"와 같이 최악의 결과를 가정한 것이었습니다. 생각해보니 상황을 파악하게 도운 것이 아니라 겁을 준 꼴이었죠. 겁이 난 아이는 울음부터 터뜨렸습니다. 이미 겁에 질렸으니 다른 방법을 제안해도 받아들이지 못했고요.

이유를 설명한 뒤로 아이의 울음이 줄었습니다. 겁에 질릴 일이 없었으니까요. 이유를 설명하려면 마음은 누르고 머리로 생각해야 합니다. 저절로 차분해졌습니다. 과장해서 걱정하는 일이 줄어드니 무모한 도전으로만 보이던 아이의 행동이 용기로 다시 보이더군요.

이제는 아주 익숙해졌습니다. 반사적으로 나오던 "조심해", "위험해", "하지 마"도 "잠깐!"으로 바뀌었습니다. 그 사이 아이들도 더 자랐습니다. 저나 남편이 "잠깐!"이라 하면 "왜?" 묻습니다. "왜 잠깐이라고 했을까?"라고 되물어 스스로 상황을 돌아볼 기회를 줍니다. 첫째는 여덟 살이라고 "위험할 수 있겠다. 근데 엄마 그래도 나 한번 해볼래"라며 감수하기도 합니다. 위험하니 다른 방법을 찾아보자는 뜻이었는데, 위험을 감수하겠다는 첫째에게 한 수 배웁니다.

칭찬, 독이 아닌 약이 되게 하려면

머리부터 발끝까지 다른 남편과 저에게도 공통점은 있었습니다. 칭찬에 인색한 것이요. 인생에 가장 아름답다는 결혼식 날 서로에게 "예쁘네", "멋지네"라고 한 게 전부였습니다. 둘 다 마음이 없는 게 아니라 쑥스러워 말을 줄인 것을 알고 있기에 눈은 흘깃, 입은 웃고 있었습니다. 그래도 우리는 어른이니까, 이심전심이니 괜찮았습니다. 아이를 낳으니 다르더군요.

전문가들을 칭찬은 아이의 자아존중감에 긍정적인 영향을 미치니 가급적 많이 칭찬하라고 했습니다. 아이에게 칭찬을 많이 할수록 부모와의 관계도 좋다고요. 작은 일도 크게 칭찬하려고 했습니다. 어렵지 않았습니다. 어른들의 '내 새끼는 울어도 예쁘고 똥을 싸도 예쁘고 찡얼대도 예쁘다'는 말씀에 부모가 되고 공감했습니다. 아이에게 매 순간 감동했습니다. 말귀도 못 알아듣는 아이에게 예쁘다, 잘 생겼다, 최고다, 똑똑하다 등의 칭찬을 수시로 했습니다.

잘하고 있는 줄 알았습니다. 그런데 아동심리학자인 하임 G. 기너트Haim G. Ginot 박사는 저서 《부모와 아이 사이》에서 심리 치료를 할 때는 아이에게 "넌 훌륭한 꼬마야. 넌 대단해"라고 말하는 법이 절대 없다고 말합니다. "판결을 내리고 가치를 평가하는 칭찬을 하지 않는다"는 것입니다. 이유는 간단합니다. 도움이 되지 않기 때문이죠. 오히려 부모가 '바람직한 칭찬'을 할 때 아이는 스스로 자신에 대해 '바람직한 결론'을 내리는 것이죠. 부모의 칭찬을 근거로 삼아 아이가 자신을 평가하는 것입니다.

그런 칭찬은 아이를 불안하게 하고, 남에게 의지하게 하며, 움츠러들게 만든다고 합니다. 칭찬에도 바람직한 칭찬과 바람직하지 않은 칭찬이 있고, 어떻게 칭찬하느냐에 따라 아이에게 득이 될 수도 실이 될 수도 있다는 말이었습니다. 어렵더군요.

가령 아이가 시험에서 100점을 받았을 때 "너 참 똑똑하구나" 칭찬을 하면 아이는 어려운 문제를 풀어야 할 때, 그 문제를 틀리면 똑똑하다는 칭찬을 거스르게 되니 아예 문제를 풀지 않는 쪽을 택한다는 것입니다. 자기가 누리고 있는 높은 평가를 위험에 빠뜨리고 싶지 않기 때문입니다. 맞습니다. 저도 어렸을 때 시험을 잘 봐 "우리 딸 참 똑똑하네"라는 칭찬을 들으면 우쭐했지만, 그 기분은 잠깐, 다음 시험에서 이 점수를 어떻게 유지하지 조바심치던 기억이 났습니다. "열심히 공부하더니 좋은 성적을 받았구나"라는 말에 더 힘이 났습니다. 열심히 공부한 것을 칭찬받았으니 다음에는 더 열심히 공부해야겠다고 마음먹었습니다. 그러니 기너트는 성격과 인격에 대해서 칭찬하지 말고 "아이의 노력과 노력을 통해 성취한 것에 대해 칭찬"하라고 조언합니다. '아이들이 노력하였거나 도움을 주었거나, 배려하였거나, 새로운 것을 해냈거나, 성취한 일에 대해서 어떤 점이 마음에 들고, 어떤 점을 높이 평가하는가를 명확하게 표현'하는 것이 바람직한 칭찬입니다.

	바람직하지 않은 칭찬	바람직한 칭찬
시험을 잘 봤을 때	똑똑하구나.	공부를 열심히 하더니 지난번보다 성적이 올랐구나.
집안일을 도왔을 때	최고야.	과자봉지를 쓰레기통에 버려줘서 거실이 깨끗해졌네.
장난감을 양보했을 때	착하네.	아끼는 장난감인데 동생이 가지고 놀고 싶어 하니까 양보했네. 그래서 웃으며 같이 놀 수 있었구나.

결국 결과가 아닌 노력을 칭찬하라는 말입니다. 노력은 과정이지요. 그래서 결과보다 과정에 초점을 두기로 했습니다.

첫째가 올해 초 혼자 씻겠다고 선언했습니다. 머리도 혼자 감고 목욕도 혼자 하겠다고요. 비누가 살짝 눈에만 들어가도 세상 큰일 난 것처럼 소리를 지르는 녀석이 혼자 씻는다는 게 상상이 되지 않았습니다. 구석구석 꼼꼼히 씻을 리 없으니 일만 두 번 만드는 것 같았죠. 반대로 과정을 생각하니 그래도 혼자 씻겠다는 마음이 기특했습니다. 아이가 씻고 제가 마무리를 해주면 되고요. 그러라고 했습니다. 그리고 저는 과정을 칭찬했습니다. 혼자 씻는 동안 옆에 앉아 생중계하듯 말합니다. 머리를 감을 때는 "머리에 거품도 충분히 내고 골고루 문질렀네. 목욕하기 전에는 머리에서 땀 냄새가 많이 났는데 이젠 안 나겠다~" 등에 비누칠할 때는 "등은 골고루 손이 고루 닿기 힘드니 더 신경 쓰는구나" 이야기하면 신이 나는지 "팔은 어때?", "배도 깨끗해졌어?" 물어봅니다. 마지막으로 "발가락 사이사이도 놓치지 않았네"라고 하면 끝. 환하게 웃으며 "나 혼자서도 잘 씻지? 많이 컸어!"라고 하는 아이를 보며 '칭찬이 대단한 게 아니구나. 아이의 노력을 부분 부분, 구체적으로 알아주면 되는구나' 깨달았습니다.

그리고 무엇보다 저는 과정을 나열할 것뿐인데 아이가 칭찬으로 받아들이고 '많이 컸다'라고 스스로 결론을 내리는 게 신기했습니다. 사실 제가 해주고 싶었던 말이거든요. 기너트는 칭찬이 △우리가 아이들에게 말하는 것 △아이들이 그들 자신에 대해서 이야기하는 것, 이렇게 두 부분으로 구성된다고 했는데 아마 이런 것을 뜻하는 것 같습니다. 부모가 '바람직한 칭찬'을 할 때 아이는 스스로 자신에 대해 '바람직한 결론'을 내리는 것이죠. 부모의 칭찬을 근거로 삼아 아이가 자신을 평가하는 것입니다.

기너트는 "사실에 근거한 칭찬을 듣고 아이 스스로 긍정적인 결론을 내리는 것은, 정신 건강이라는 건물에 사용되는 벽돌이나 마찬가지"라고 했습니다. 그래서 가급적 자주 칭찬하려고 합니다. 과정을 알고 상황을 읽으려고 합니다. 그런데 아이의 모든 상황을, 아이의 모든 노력을 알 수는 없습니다. 어쩌면 그래서 "대단한데?", "멋지다" 추상적으로 칭찬했던 것 같기도 합니다. 그럴 때는 과정을 궁금해하기로 하는 것도 방법입니다.

퇴근하고 집에 오면 아이들이 종이접기나 레고를 들고 뛰어옵니다. "엄마! 오늘 만든 거야!" 눈앞에 내미는 건 그만큼 자랑스럽다는 것이고, 그러니 칭찬해달라는 뜻입니다. 레고를 받아들고 "웅이가 만든 오토바이야? 우와" 감탄한 뒤 "어떻게 만든 거야?" 묻습니다. 설명서를 보고 바퀴를 조립한 뒤 작은 회색 부품들을 끼고 빨간 조각으로 연결하고 이렇게 저렇게 만들었다고 설명을 하는 중간 중간 "정말?", "쉽지 않았을 텐데…" 추임새를 넣어줍니다. 설명이 끝나면 엄지손가락을 들어 보입니다. 칭찬 끝.

제대로 칭찬하고 제대로 칭찬받기

오해가 풀렸습니다. 제 콤플렉스 중 하나가 "너는 뭘 해도 참 잘하는구나", "예쁘다"와 같은 칭찬을 들었을 때 "다른 사람이 하면 더 잘했을 거예요", "예쁘긴요"라며 손사래를 치는 것이었습니다. 칭찬을 편안히 받아들이며 "감사합니다" 싱긋 웃어 보이고 싶은데 그게 늘 어려웠습니다. 칭찬을 많이 받아보지 않아서 칭찬을 받을 줄 모른다고 생각했습니다. 그래서 아이들은 더 많이 칭찬하려고 했습니다. 그런데 알고 보니 칭찬을 받아본 적이 없어서가 아니라 '바람직하지 않은 칭찬'을 받았기 때문에 밀어낸 것이었습니다.

아이들도 그렇습니다. 자고 일어나 "우리 결이 밤사이에 더 예뻐졌네"라고 하면 좋아하며 거울로 뛰어갑니다. 그러곤 뾰로통한 목소리로 소리치죠. "머리도 귀신같고 하나도 안 예쁜데 엄마 거짓말했어!"라고요. 물론 그 모습도 제 눈엔 예뻐서 한 말이지만 "봐봐. 자고 일어났더니 이마 상처가 사라졌잖아. 입술도 더 빨개졌고!"라고 하면 그제야 "더 예뻐졌네" 웃습니다.

아이들을 제대로 칭찬하려고 노력하는 만큼 제가 칭찬을 받을 때도 제대로 받으려고 합니다. 친정엄마는 곧 마흔이 되는 딸인데도 저를 볼 때마다 "우리 딸 장하다", "우리 딸 기특하다"라고 하시거든요. "장하긴 뭐가 장해. 엄마 딸이라 커 보이는 거지"라며 칭찬을 거부했는데 요즘은 "뭐가 장한지 구체적으로 세 가지만 말해줘"라고 엉깁니다. 아직 '칭찬의 기술'이 없는 엄마는 한참 뜸을 들인 뒤 말씀하십니다.

"내 눈에는 아직 아기 같은데 그 아기가 아기를 둘이나 낳아 키우는 게 장하고, 힘들다고 투정 부릴 법도 한데 괜찮다고 하는 것도 짠하면서 장하고"

더 들으면 눈물이 날 것 같아 마무리는 제가 합니다. "그렇게 장한 딸을 키운 사람이 엄마야. 그러니까 엄마를 장하게 여겨."

부모와 아이 사이

하임 G. 기너트 지음 | 신홍민 옮김
양철북
2003년 8월

부모에게는 사랑과 기술이 필요합니다. 이 책에는 아이에게 상처주지 않고
비판하는 기술, 평가하지 않고 칭찬하는 기술 등이 담겨있습니다.

가끔 글을 잘 쓰는 비법을 알려달라는 분들을 만납니다. 잘 쓰는 글도 아니지
만 감히 조언을 드리면 '재밌다', '좋았다', '슬펐다'를 쓰지 않는 것입니다. 재
밌었던 상황을 묘사해 독자가 재밌다고 느끼면 잘 쓴 글입니다. 칭찬도 마찬
가지입니다. 아이를 칭찬하고 싶다면 "잘했어" 직접 말하는 것이 아니라 아이
가 무얼 잘했는지를 구체적으로 설명해주세요. 아이 스스로 '내가 잘했구나'
느낀다면 성공한 칭찬이겠죠? 더 많은 노하우는 이 책에 가득합니다.

같이 연습해봐요

● 아이가 그린 그림을 보고 잘 그린 부분 세 가지를 꼽아가며 칭찬해보세요.

1
2
3

● 더 좋은 부모가 되기 위해 오늘 할 일 세 가지를 정한다면?

1
2
3

목표를 정하는 사람은 많은데 달성하는 사람은 적죠.

의지력이 부족해서가 아니라

구체적인 실천사항을 정하지 않았기 때문이라 합니다.

육아에 구체성이 필요한 이유입니다.

공감, 경청 :

아이와 평생 이어지고 싶다면

《비폭력대화》를 읽고

종종 이른 저녁을 먹고 아이들과 마을버스를 타고 '동네 투어'를 합니다. 하루는 마을버스에서 라디오가 흘러나오더군요. 고민을 상담해주는 코너 같은데 어떤 부모가 '아이가 말을 듣지 않아 힘들다'며 조언을 구했습니다. 전문가의 답변이 인상적이었습니다.

"아이에게 부모의 말을 들으라고 강요해봤자 소용없습니다. 부모의 말을 듣고 싶지 않아 안 듣는 건데, 강하게 이야기한들 달라지겠습니까? 부모의 말을 따르고 싶게 만들어야죠. 아이는 부모의 말을 따르는 게 아니라 '따르고 싶은 사람'의 말을 따르거든요."

순간 내 옆에 앉아 창밖을 보고 있는 아이들을 바라보게 되더군요. 내가 부모라, 내 말을 듣는 줄 알았는데 내가 '따르고 싶은 사람'이라 내 말을 따랐던 건가 싶어서요. 아이가 따르고 싶은 사람이 나라는 사실에 슬쩍 우쭐했습니다. 동시에 아찔하더군요. 그 말은 내가 부모라 내 말을 듣는 것이라면 한 번 부모는 영원한 부모니 영원히 내 말을 들을 테지만 '따르고 싶은 사람'이라 말을 듣는 것이라면 언젠가는 나를 따르지 않을 수 있다는 뜻이니까요.

미국의 심리학자 토머스 고든Thomas Gordon도 비슷한 말을 했습니다. 부모들은 아이에게서 '권위를 부여받았다'는 것입니다. 부모에게 권위가 '있다'가 아니라 '부여받았다'는 것이 핵심이죠. 아이가 부여한 권위인 만큼 아이가 철회할 수 있습니다.

어린아이에게 부모는 모든 것을 다 알고, 모든 것을 다 할 수 있는 '신과 같은 존재'입니다. 실제보다 부모를 더 크게 느끼며 권위를 부여합니다. 어린아이는 필요로 하는 것을 스스로 얻거나 스스로 하지 못합니다. 부모가 주고, 부모가 대신해주기에 부모에게 의존하며 또 한 번 권위를 부여할 수밖에 없습니다. 아이가 자라며 혼자 할 수 있는 일이 많아지고, 세상으로 나아가 다양한 사람을 만나며 부모가 덜 필요해집니다. 아이는 부모에게 부여했던 권위를 거둬갑니다. 어릴 땐 부모 말이 진리인 듯 무조건 수용하며 입안의 혀처럼 굴던 아이도 자랄수록 "진성이가 그랬어!", "선생님이 이렇게 하라고 했어!"라는 일이 점점 늘어갑니다.

'따르고 싶은 부모'가 되기 위한 조건

부모와 아이라는 역학관계에서 부모에게 주어진 권위는 아이가 자라며 점차 약해집니다. 하지만 건강한 성인으로 자랄 때까지 아이를 보호하고 돌봐야 하는 부모의 의무는 약해지지 않습니다. 필요한 순간 아이는 부모에게 의지해야 하고, 부모는 아이에게 영향력을 행사할 수 있어야 합니다. 교과서적인 답은 내렸는데 구체적인 방안은 잡히지 않았습니다.

그러던 어느 날 첫째가 유독 말을 잘 들었습니다. 평소라면 "잔소리!"라며 입을 쭉 내밀 일도 군말 없이 따르고 심지어(?) 잔소리를 하기도 전에 먼저 하더군요. 평소와 다른 이유가 궁금했습니다. "우리 웅이, 엄마·아빠 말을 무척 잘 듣네~"라고 하니 "응. 그리고 싶어"라며 웃더군요. "왜 그리고 싶을까?" 물었습니다. 한 치의 주저함 없이 답하더군요. "좋아서~" 재차 물었지만 답은 같았습니다. '제 딴에는 잘 보이고 싶었나 보네. 싱거운 녀석'이라고 결론을 내리려는데 연애할 때가 생각나더군요. 연애할 때는 남편에게 잘 보이고 싶어서 내 뜻과도 다른 일을 기꺼이 했고, 남편이 좋아서 남편의 말에 귀 기울였습니다. 남편도 마찬가지였습니다. 서로에게 허용적이었죠. 그러다 작은 다툼이라도 한 날은 남편의 말에 무조건 툭툭댔습니다. 부모와 아이도 마찬가지였던 것입니다. 그날은 첫째가 말한 대로 '엄마·아빠가 좋아서' 잔소리가 잔소리로 들리지 않았던 거죠. 똑같은 말이라도 서로에 대한 감정 상태에 따라 잔소리가 될 수도, 조언이 될 수도 있는 것입니다. 답이 보였습니다. '따르고 싶은 부모'가 되고 싶다면 아이의 감정 상태를 관리하면 될 일이었습니다.

경영학자인 스티븐 코비Stephen Covey는 '인간관계에서 구축하는 신뢰의 정도'를 '감정은행 계좌'에 빗대 설명했습니다. 상호 간의 신뢰가 '감정 잔고'인데 감정 잔고가 많으면, 평소에 의사소통이 쉽고 즉각적이며 효과적이라는 거죠. 그는 감정은행에 잔고를 늘리기 위한 수단으로 △상대방에 대한 이해심 △사소한 일에 대한 관심 △약속의 이행 △기대의 명확화 △언행일치 △진지한 사과 등을 들었습니다.

이를 아이와의 관계에 적용했습니다. 아이의 관심사를 같이 궁금해합니다. 아이가 좋아하는 캐릭터를 같이 외우고 아이 앞에서 캐릭터 흉내를 냅니다. 지키지 못할 약속이라면 하지 않고 약속한 것은 반드시 지키려 노력합니다. 피치 못할 사정이 생겨 지키지 못했을 땐 진심으로 사과하고요. 아이에게 기대하는 것을 명확히 표현하고 기대에 부응할 수 있는 구체적인 방법을 알려줍니다. 반대로 아이가 저에게 바라는 것을 묻고 따르려 하고요. 무엇보다 아이를 이해하려고 노력합니다. '그 사람을 이해하기 전에는 그 사람을 위해 어떤 행위를 해야 감정 잔고를 쌓을 수 있는지를 모르기 때문'입니다. 생일날 평소 갖고 싶었던 선물을 받으면 선물 자체로도 고맙지만 나를 제대로 알고 준비했다는 감동이 겹쳐 더 고마운 것과 마찬가지일 것입니다.

사실 부모이기에 아이를 이해하기 쉬울 거라 생각했습니다. 아니, 이미 이해하고 있는 줄 알았습니다. 내 속에서 나온 아이니 속속들이 알고 있을 거라고 착각했거든요. 친구라면 당연히 물었을 일도 '네 마음은 엄마가 다 알고 있지' 생각하며 제가 정했습니다. 아이가 아니라고 해도 "네가 아직 몰라서 그래. 알고 보면 너도 원할 거야"라며 강요하기도 했습니다. 아직 아이들이 어리기 때문은 아닌 것 같습니다. 돌이켜보면 저도 부모님께 같은 말씀을 들었습니다. 그때 저는 '엄마·아빠는 아무것도 모르면서!'라는 생각에 잔뜩 골이 나서 방문을 쾅 닫았습니다. 사춘기였습니다.

공감을 방해하는 장애물 열 가지

내 마음도 모르는 부모의 말은 따르고 싶지 않습니다. 사춘기 때도 그랬고 지금도 그렇습니다. 첫째와 둘째도 그럴 겁니다. 그렇다면 아이들의 마음을 알아야 합니다. '비폭력대화Nonviolent Communication'를 창안한 임상심리학자 마셜 B. 로젠버그Marshall B. Rosenberg는 솔직하게 말하고 공감해서 들으면 서로 마음으로 주고받는 관계를 이룰 수 있다고 주장합니다. 그는 같은 제목의 저서에서 사람들은 다른 사람의 말을 들을 때 "상대방을 안심시키고 조언을 하고 싶은 강한 충동을 느끼거나, 우리의 견해나 느낌을 설명하려는 경향이 있다"고 지적했습니다. '문제를 해결해주고 다른 사람의 기분을 더 좋게 해주어야 한다'는 책임감을 느끼기 때문입니다. 하지만 상대가 원하는 것은 '공감'입니다. '공감이란 다른 사람이 경험하고 있는 것을 존중하는 마음으로 이해'하는 것. 이해에 머물면 됩니다.

보통의 인간관계에서도 공감은 어렵습니다. 이해하는 것은 기본이고 보탬이 되고 싶죠. 경험상 관계가 깊어질수록 보탬이 되고 싶은 마음도 커졌던 것 같습니다. 지인보다는 친구, 친구보다는 가족, 가족 중에서도 아이에게 이 마음이 절정이었습니다. 문제는 보탬이 되고 싶은 마음이 공감을 방해한다는 것입니다. 아이에게 '그랬구나' 고개를 끄덕이고 있으면서도 마음 한쪽에서는 '그래서 이 상황을 어떻게 해결해야 하지?'를 생각하고 있었습니다. 해결책이 떠오르면 아이의 말을 끊고 '그랬구나. 그런데~', '속상했겠다. 그렇지만~' 조언을 시작했습니다. 아이가 하는 말에 모든 관심을 집중하지 못했고 아이가 자신을 충분히 표현하고 이해받았다고 느낄 수 있는 시간과 공간을 주지 못했습니다.

그래서 로젠버그는 공감하려면 "무언가를 하려고 하지 말고 그곳에 그대로 있어라"고 강조했습니다. 아이와의 관계에서는 조언을 하고 싶은 마음을 빼는 것이 공감하는 지름길입니다. '조언하기'와 같이 공감을 방해하는 '장애물'은 아홉 가지 더 있습니다.

공감을 방해하는 장애물*

조언하기	"그랬구나. 그런데~", "속상했겠다. 그렇지만~"
한술 더 뜨기	"그건 아무것도 아니야. 나한테는 더한 일이 있었는데…."
가르치려 들기	"이건 네게 정말 좋은 경험이니까 여기서 ~를 배워."
위로하기	"그건 네 잘못이 아니야. 너는 최선을 다했어."
다른 이야기 꺼내기	"그 말을 들으니 생각나는데…"
말 끊기	"그만하고 기운 내."
동정하기	"참 안 됐다. 어쩌면 좋니."
심문하기	"언제부터 그랬어? 무슨 일이 있었는데?"
설명하기	"그게 어떻게 된 거냐 하면…"
바로잡기	"그건 네가 잘못 생각하고 있는 거야."

---

* 《비폭력대화》(마셜 로젠버그 지음, 캐서린 한 옮김, 한국NVC센터, 2017년) 책의 내용을 정리했습니다.

솔직히 말하면 목록을 보면서 '이러면 안 되겠구나'를 배운 것이 아니라 '대체 되는 게 뭐야!' 심술이 났습니다. 이해하려고 했던 행동들이 모두 장애물이었거든요. 로젠버그는 그걸 알게 된 것만으로도 도움이 된다고 했습니다. 공감이 아니라 조언하고 있다는 것, 공감이 아니라 심문하고 있다는 것을 인식하면 일단 멈출 수 있습니다. 멈추면 그 순간에 집중하게 되고 더 나은 방법을 찾아볼 수 있습니다.

자기 전 침대에 누우면 "오늘 어땠어?" 아이들에게 묻습니다. "완전 즐거웠어!", "최고였어!"라고 하면 "엄마도~" 웃으며 잠들지만 "슬펐어", "별로였어"라고 하면 바로 "무슨 일 있었어?" 되묻곤 했습니다. 심문당하는 느낌일 수 있겠더군요. "어쩐지 기운이 없어 보이더라"라고 하니 아이가 품에 안겼습니다. 가끔은 아이 스스로 입을 열기도 하고 결국은 제가 "무슨 일이 있었는지 알고 싶은데 말해 줄래?" 묻기도 합니다. 아직 저도 시도 중이라 완벽하게 공감한다고 말할 수는 없지만, 그동안은 공감보다는 알아내고 해결하려고 했다는 것은 알겠습니다. 이제는 아이가 어떻게 느끼고 무엇을 원하는지를 이해하려고 합니다.

역할 놀이, 아이 입장이 되는 지름길

'비폭력대화'에서의 공감은 상대가 무엇을 관찰하고, 느끼고, 필요

공감은 상대가 무엇을 관찰하고, 느끼고, 필요로 하고, 부탁하고 있는가에 집중하는 것입니다. 상대를 돕기 전에 상대가 자신을 충분히 표현할 때까지 공감에 머뭅니다. 내 입장에서 벗어나 상대의 입장에서 생각하고 느끼는 것입니다. 어찌 보면 간단합니다. 무엇을 해주려 하지 말고 마음을 다해 같이 있으면 됩니다.

로 하고, 부탁하고 있는가에 집중하는 것입니다. 상대를 돕기 전에 상대가 자신을 충분히 표현할 때까지 공감에 머뭅니다. 내 입장에서 벗어나 상대의 입장에서 생각하고 느끼는 것입니다. 어찌 보면 간단합니다. 무엇을 해주려 하지 말고 마음을 다해 같이 있으면 됩니다. 상대의 마음을 따라가는 것이죠. 이야기를 깊이 나누다 보면 공감이 되고, 상대도 나에게 공감하고 있는 게 느껴집니다. 그런데 아이에게 공감하는 것은 일반적인 공감과 다른 두 가지 어려움이 있었습니다.

앞서 말했듯 아이가 어려움에 부닥치면 부모라 빨리 해결해주고 싶었습니다. 반대로 아이도 즉각적인 해결을 원했습니다. 진정시키는 것이 우선이었습니다. 둘째가 어렸을 때는 목욕을 활용했습니다. 불편한 기색이 보이면 따뜻한 물을 받아 물장난을 하자고 했습니다. 목욕하며 몸의 긴장이 풀리면 '어떻게 좀 해줘!' 울상이었던 표정도 누그러지는 게 느껴졌습니다. 첫째와는 '요구르트 타임'을 이용했습니다. 저는 커피, 아이는 요구르트를 들고 산책을 하거나 마주 앉았습니다. 같은 공간에서 단둘이 같은 행동을 하는 것이 공감대를 형성하는 데 도움이 됐습니다. 목욕과 요구르트를 통해 저는 들을 준비, 아이는 말할 준비를 한 셈입니다.

공감의 기술 중 하나는 '바꾸어 말하기'입니다. 상대의 말을 의문문으로 바꿔 다시 묻는 것이죠. 가령 "친구들이랑 같이 말했는데 선생님이 나한테 '조용!' 그랬어"라고 하면 "선생님께서 결이한테만 조용히 하라고 하셔서 속상했던 거야?" 되묻는 겁니다. 바꾸어 말하면 내가 잘 이해하고 있는지 확인할 수 있고 상대에게는 자신의 마음을 한 번 더 확인하는 기회가 됩니다. 지금이야 무리 없이 바꾸어 말하며 확인하고, 다시 대화를 이어가지만 아이가 어렸을 때는 표현이 서툴다 보니 쉽지 않았습니다. 생각만큼 표현이 되지 않으니 아이도 답답해했고요. 오히려 그 과정에서 스트레스를 더 받는 것 같았습니다.

역할 놀이를 하며 도움을 받았습니다. 저는 결이의 입장, 결이는 상대의 입장이 되어 역할극을 하는 것입니다. 놀이터에서 속상한 일이 있었다고 하면 "지금부터 엄마가 결이야"라고 한 뒤 결이 흉내를 냅니다.

"우와! 미끄럼틀 타야지~"

"나 미끄럼틀 안 탔는데? 소영이랑 시소 탔어."

"그래? 그럼 다시. 소영아 시소 타자~."

조금씩 좁혀가면 무슨 일이 있었는지, 어땠는지 눈앞에 그려집니다. 중간중간 "아이고, 속상했겠다" 마음을 읽어주면 공감으로 이어집니다.

사실 '흑심'이 있었습니다. '공감하고 경청하는 부모가 되면 아이가 사춘기가 되어도 나에게서 멀어지지 않겠지'라는 욕심이요. 내 영향력 아래 아이가 있기를 바랐습니다. 공감을 익히며 반대가 되었습니다. 내가 아이의 마음에 들어가려고 노력합니다. 어느 드라마의 명대사였죠. 이전에는 '내 안에 너 있길' 바랐다면 이젠 '네 안에 나 있길' 바랍니다.

이 책을 읽고 썼어요

비폭력대화 (개정증보판)

마셜 로젠버그 지음 | 캐서린 한 옮김
한국NVC센터
2017년 11월

말하는 사람과 듣는 사람 모두가 상처받지 않고 원하는 바를 전달하는 방법
인 '비폭력대화NVC'의 기본 개념과 적용법을 다뤘습니다.

어릴 때 부모님과 대화를 나누면 묘하게 훈계를 들은 것 같을 때가 있었습니
다. 이야기를 주고받았는데 왜 숙제가 생긴 느낌인지 참 이상했는데 부모가
되니 알 것도 같습니다. 부끄럽지만 아이에게 답을 의도하며 질문을 하고, 정
해둔 말을 듣기 위해 아이의 말을 듣고 있었기 때문이지요. 부모의 '흑심'을
부정할 수 없습니다. 그리고 어릴 때를 돌아보면 아이도 '흑심'은 눈치채기 마
련입니다. 아이의 마음을 움직이고 싶다면 아이와 마음으로 통해야 합니다.
이 책에서 말하는 '공감'이 중요한 이유입니다.

같이 연습해봐요

* 아이의 지금 기분을 묻고, '꼬리 질문'으로 대화를 이어가 보세요. 꼬리 질문은 '누가?', '언제?' 등 더 많은 정보를 얻기 위해서가 아닌 '많이 속상했겠다', '그래서 어떻게 하고 싶었어?'와 같이 기분을 더 깊이 알기 위해서 묻는 것입니다.

* 만약 아이가 자주 떼를 쓴다면, '떼쓰지 마'라고 말하지 말고 아이 앞에서, 뜬금없이, 아이처럼 떼를 써보세요. 일종의 역할극인데요. 떼쓰는 부모를 보며 아이가 부모의 마음과 상황을 조금은 이해할 수 있답니다.

책임 나누기 :

엉뚱한 책임감에 시달리고 있지 않은가

《부모 역할 훈련(PET)》을 읽고(I)

첫째가 친구들에게 뚱뚱하다고 놀림을 받은 적이 있습니다. 첫째는 2월 생이고 먹성도 좋아 또래 아이들보다 크고 덩치도 있는 편입니다. 당시 는 갑자기 체중이 늘고 있던 때라 놀림을 받았다는 말이 신경 쓰였습니 다. 하지만 '장난이겠지, 아이들은 놀리는 게 일이니까' 대수롭지 않게 넘기려 했죠. 시간이 지나면 나아질 줄 알았습니다. 바람과 달리 갈수 록 놀림의 횟수는 많아졌고 처음엔 웃어넘기던 아이가 스트레스를 호 소하기 시작했습니다.

더는 가만있을 수 없었습니다. "놀림에 네가 발끈하면 친구들은 더 재밌어서 계속 놀리는 거야. 놀려도 신경 쓰지 마" 기억해뒀던 어느 전 문가의 조언을 아이에게 알려줬습니다. 아이는 그렇게 해보겠다며 당 당히 유치원에 갔지만, 집에 돌아왔을 땐 "그래도 놀려" 다시 고개를 숙이고 있었습니다.

답답한 마음에 지인에게 도움을 청했습니다. 상황을 설명하고 '유치원 선생님께 도움을 청할까, 놀리는 아이 부모에게 연락할까?' 고민 중이라고 하니 "아이들의 일은 아이들의 일로 남겨둬"라고 하더군요. 아이가 스트레스를 받는데 어떻게 가만있냐고 발끈했더니 그런 말이 아니라고 했습니다. "가만있으라는 게 아니고, 네가 직접 나서 해결하지 말고 아이가 아이들 사이에서 해결할 수 있게 도우라는 뜻이야."

아이가 문제 상황에 부닥치면 부모가 나서서, 그것도 가급적 빨리 해결해야 한다고 생각했습니다. 해결할 방법이 떠오르지 않아 답답했고 괴로워하는 아이를 보며 고통스러워할 때 지인의 조언은 머리를 얻어맞은 듯 충격이었습니다.

아이가 해결할 문제 vs 부모가 해결할 문제

임상심리학자인 토머스 고든Thomas Gordon의 《부모 역할 훈련》이 떠올랐습니다. 고든은 이 책에서 사람들은 부모가 되면 "마치 자기가 사람이라는 것을 잊은 듯이 다른 역할을 연기하기 시작한다"고 지적합니다. '부모'라는 성스러운 영역에 들어섰으니 '부모란 마땅히 이래야 해'라고 생각하며 '부모'라는 지위를 받아들인다는 것입니다. 제가 그랬습니다. '부모란 마땅히 아이의 문제를 해결해야 한다'고 생각하고 있었죠. 그러다 보니 고든이 말한 것처럼 부모도 '한계를 지닌 사람'이라는 것을 잊고 아이의 모든 문제를 해결할 수 있고, 해결해야 한다며 발을 구르고 있었습니다.

짐작하다시피 이런 태도는 오히려 역효과를 가져옵니다. 대표적인 것이 부모들의 '수용적인 태도'입니다. 부모는 아이들의 행동을 가급적 수용하려고 하죠. 고든은 사각형을 그리고 그 안에 아이가 할 수 있는 행동을 모두 나열해보라고 말합니다. 그리고 그 행동들을 '수용할 수 있는 행동'과 '수용할 수 없는 행동'으로 나눈다면, 대부분의 부모는 아이가 할 수 있는 행동들을 가급적 '수용할 수 있는 행동'에 넣으려 한다는 것입니다.

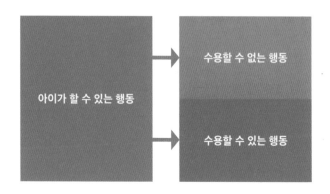

공감합니다. 저는 시끄러운 걸 잘 참지 못합니다. 그런데 아이는 어렸을 때 냄비를 두드리며 노는 걸 좋아했습니다. 겉으로는 '잘한다. 드럼 연주 같아' 추임새를 넣었지만, 속으로는 '언제까지 하려나. 그만하면 좋겠다' 생각하며 시계만 보고 있었죠. 아이는 냄비를 두드리면서도 자주 저를 쳐다봤고 그때마다 저는 어색하게 웃으며 '잘하네. 계속해'라고 칭찬했습니다. 아마 그때 아이는 입으로는 칭찬하지만 굳어 있는 제 얼굴을 보며 '엄마 표정이 이상한데 정말 잘하는 걸까?' 생각했었던 것 같습니다. 실제로 어느 날은 "엄마! 내가 그만하면 좋겠지!"라고 했으니까요. 일관되지 않은 '언어적 메시지(말)'와 '비언어적 메시지(표정)'를 받으며 제가 '거짓수용'을 하고 있다는 걸 알아챘던 것입니다.

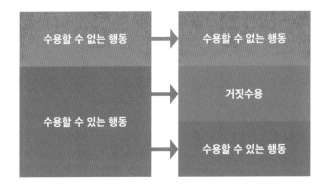

이런 상황이 반복되면 아이는 끊임없이 확인하는 버릇이 생깁니다. 불안감에 시달리게 되고요. 부모들은 부모니까 꾹 참으면서라도 아이의 행동을 가급적 수용하려고 하지만, 역효과가 나는 것이죠. 부모와 자식은 다른 어떤 관계보다 친밀하고 오래 지속됩니다. 평생 실제 감정을 숨기고 '거짓수용'을 하는 건 불가능에 가깝습니다. 오히려 부모이기 때문에 솔직해야 합니다. 다른 접근이 필요합니다. 고든은 '부모는 이래야 한다'는 신념 대신 '누가 문제를 해결할 것인가'라는 원칙을 가지고 아이를 대하라고 제안했습니다.

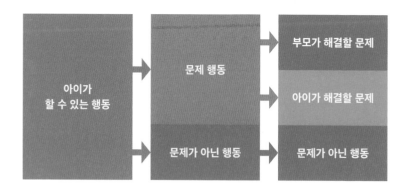

다시 한번 사각형을 그리고 그 안에 아이가 할 수 있는 모든 행동을 나열합니다. 이번에는 '수용할 수 있는 행동'과 '수용할 수 없는 행동'이 아닌 '문제가 아닌 행동'과 '문제인 행동'으로 나눕니다. 그리고 문제인 행동을 책임의 주체에 따라 한 번 더 나눕니다. '아이가 해결해야 할 문제'와 '부모가 해결해야 할 문제'로요. 즉 문제가 생기면 그 문제가 부모에게 속한 것인지 아이에게 속한 것인지부터 구분하는 것입니다.

가령 아이가 냄비를 두드리는 것은 제가 불편하니 문제 행동입니다. 제가 불편한 것이니 저에게 속한 문제이고, 저에게 속한 문제이니 제가 주도적으로 해결해야 합니다. 아이가 친구에게 놀림을 받아 스트레스를 받는 것도 문제 행동입니다. 하지만 아이가 불편한 것이니 아이에게 속한 일이고, 아이에게 속한 문제이니 아이가 주도적으로 해결해야 합니다. 이렇게 구분하니 지인의 조언이 이해되며 이 상황에 어떻게 접근해야 할지 새로운 길이 보였습니다.

고든은 "대부분의 부모가 아이들 문제의 너무 많은 부분을 자기 것으로 받아들인다"며 그러다 보니 "아이에게 속하는 문제의 경우에도 부모가 개입해서 해결하려 들고 그렇게 하지 못할 때는 자책하는 경우가 많다"고 말합니다. 아마 부모이기에 그런 것 같습니다. 부모는 목도 가누지 못하는 아이를 낳아 키우니까요. 목도 가누지 못할 때는 아이의 모든 문제가 부모의 책임입니다. 혼자 밥을 먹고 걷고 뛰기 시작하면 부모는 대신 해결해주던, 원래는 아이의 책임인 일을 아이에게 하나씩 넘겨줘야 합니다. 결국은 아이가 자신을 온전히 책임지는 사람으로 자랄 수 있게요.

책임을 넘기는 첫 단계는 아이에게 속한 문제를 아이 스스로 자기 것으로 인식하게 돕는 것입니다. 그러니 제가 나서서 아이가 놀림을 받지 않게 선생님께 도움을 청하거나 놀리는 친구의 부모에게 연락하는 것은 올바른 해결책이 아니었습니다. 아이가 직접 선생님께 도움을 청하거나 친구에게 직접 대응할 방법을 찾게 돕는 것이 올바른 해결책입니다.

해결사에서 조력자로

'내가 모든 문제를 해결해야 한다'는 과잉 책임감을 내려놓자 마음이 조금 가벼워졌습니다. '해결사'에서 '조력자'라는 새로운 역할도 명확해졌고요. 아이에게 먼저 묻기로 했습니다. "웅이는 어떻게 하고 싶어?" 물으면 아이도 원하는 것을 명확히 알 수 있고 저도 그에 맞는 도움을 줄 수 있으니까요. 고든도 "아이들은 자기 문제를 해결하는 데에 있어 놀라울 정도로 뛰어나지만, 아직 개발되지 않은 능력을 갖추고 있다"고 했습니다.

"놀리지 않았으면 좋겠어."

"어떻게 하면 놀리지 않게 할 수 있을까?"

"내가 살을 뺄까?"

"웅이가 뚱뚱해서 놀리는 것 같아?"

"응. 다른 애들은 뚱뚱하다고 놀리지 않거든."

"지성이가 웅이만 놀려?"

"그건 아니야. 승준이는 꼬마라고 놀리고 진설이는 울보라고 놀려. 어? 그러면 내가 살 빼도 놀릴 수 있겠다!"

"다른 방법은 뭐가 있을까?"

"못 들은 척 할까? 같이 놀릴까?"

여러 가지 방법을 생각하더군요. 저도 같은 마음으로, 같이 방법을 찾았습니다. "기억났는데 엄마도 어렸을 때 까맣다고 놀림 받은 적이 있거든? 팔짱 끼고 '까만 게 뭐 어때서! 그래서 뭐 문제 있어?'라고 했더니 아무 말도 못 하더라" 제 생각을 보태기도 했습니다.

이야기 끝에 아이는 친구가 놀릴 때 대꾸하지 않기로 했습니다. 첫날은 뒤돌아서도 따라와서 또 놀렸다며 씩씩대더니 다음 날은 뒤돌아서서 눈을 감았다고 했습니다. 그리고 다음 날은 뒤돌아서 있다가 다른 친구들에게 가서 더 열심히 놀았다고요. 그 과정에서 제가 할 일은 많지 않았습니다. 매일 밤 어땠는지 묻고, 매번 응원하는 것 밖에요. 그리고 "엄마! 이제 지성이가 놀리지 않아!" 아이가 만세를 부른 날 같이 만세를 불렀습니다.

사실 아이가 스스로 문제를 해결해나가는 것을 보며 뿌듯한 것보다 빨리 해결하고 싶은 조바심을 다스리는 게 힘들었습니다. 아이가 괴로

위하면 제가 더 괴로웠고, 아이가 기운이 없으면 제가 더 기운 빠졌습니다. '아이들에게 흔히 있을 수 있는 일'이 아니라 '내 자식이 겪고 있는 힘든 일'로 느껴졌기 때문입니다. 아마 그래서 고든은 아이의 일을 아이에게 맡기는 것은 아이를 '독립된 인격체'로 볼 때 가능하다고 한 것 같습니다. 그는 아이를 "부모의 일부가 아니라, 부모에 의해 독립된 삶과 개성을 부여받은 독자적인 존재임을 인정해야 한다"며 "부모로부터 독립된 인격으로 아이를 생각함으로써 아이가 자기만의 감정과 생각, 사물을 보는 관점을 확립하도록 도와줄 수 있다"고 강조했습니다.

이렇게 쓰고는 있지만, 아이가 문제 상황에 부닥치면 여전히 내가 나서서 해결해주고 싶은 마음이 앞섭니다. 나 편하자고 부모의 책임을 회피하는 건 아닌가 의구심이 들기도 합니다. 하지만 '부모의 일'만 추려도 할 일은 차고 넘치더군요. 책임을 회피하는 것이 아니라 그동안 부모의 몫이 아닌 일까지 하려다 정작 '부모의 일'에 집중할 에너지를 낭비한 것입니다.

제대로 책임진다는 것

아이의 일에서 한 걸음 물러나는 법을 배우며 나를 둘러싼 일도 다시 보게 됐습니다. 그러고 보니 저는 아이에게만 과잉 책임감을 느낀

게 아니었습니다. '나와 관련된 모든 일'에 책임감을 느끼고 관여하고 있더군요. 가령 회사 업무만 해도 팀 안에서의 업무분장이 있는데 내가 할 수 있는 부분이 있으면 '우리 팀 일이니 누가 해도 상관없지' 나서서 돕곤 했습니다. 요샛말로 '오지라퍼'였던 거죠.

처음 입사했을 때가 떠올랐습니다. 당시 사수는 저보다 10년 먼저 입사한 선배였습니다. 입사 첫날 업무를 설명해주더니 '잘해보라'고 어깨를 두드려준 뒤 본인의 자리로 돌아갔습니다. 업무를 처음 접하는 건데 한 번 설명을 들은 것만으로 해낼 리 없었습니다. 이렇게 해보고 저렇게 해봐도 답이 보이지 않더군요. 곁눈질로 사수를 살폈지만, 사수는 도와줄 낌새가 전혀 없었습니다. 본인의 모니터만 뚫어지게 보고 있었죠. 하다 하다 알 수 없어서 도움을 청했더니 흔쾌히 도와주셨습니다. '이렇게 친절하게 도와줄 거면서 왜 그렇게 차갑게 눈길 한 번 주지 않을까?' 야속했습니다. 그래서 제가 사수가 되었을 땐 후배 옆에 딱 붙어서 '이런 게 어려울 거야' 하나하나 가르쳤습니다.

아이와의 일을 겪으며 아차 싶었습니다. 후배들을 열심히 돕던, 그래서 간단한 일도 저에게 물어보던 후배들이 떠올랐습니다. 후배들이 충분히 고민하기 전에 돕는 건 돕는 게 아니었습니다. 고민하고 있다는 건 해내려고 애쓰고 있다는 것이고, 그때 돕는 건 그 노력을 중단시키는 것과 다르지 않았습니다. 사수의 책임은 후배가 일을 끝내게 돕는 게 아니라 후배가 일을 익히게 돕는 것입니다. 그 뒤로는 후배를, 팀원

들을 대하는 태도를 바꾸었습니다. 저의 사수가 그랬듯, 후배가 도와달라고 할 때까지 돕지 않았습니다.

집에서도 마찬가지입니다. 아이들이 스스로 할 수 있는 일은 아이들에게 맡깁니다. 주저할 땐 "일단 해봐" 권합니다. 스스로 충분히 해보길 기다리고 잘 안되는 부분을 기꺼이 돕습니다. 스스로 할 수 있지만, 도와달라고 하고 싶을 때도 있을 겁니다. 그럴 때는 정중하게 부탁하라고 했습니다. "엄마, 목마른데 물 가져다줄 수 있어요?" 물론 부탁을 받은 상대에게는 부탁을 거절할 권리가 있다는 것도 가르쳤습니다. "엄마가 지금 할 일이 있어서, 부탁 들어주기는 힘들겠어" 가끔은 일부러 거절합니다.

곰곰 생각해보니 저는 그동안 '내 주변의 일'에는 과잉 책임감을 느꼈지만 정작 '내 책임의 일'은 누군가에게 의존하려고 했더군요. 특히 마음 관리가 그랬습니다. 힘들거나 속상한 일이 있을 때, 원하는 게 있을 때 솔직히 말하고 상황을 개선하기보다 누군가가 내 마음을 알아주길, 내 마음을 읽고 해결해주길 바랐습니다. 하지만 부모가 되어보니 내 배 아파 낳은 자식에 대해서만은 모르는 게 없다고 자부하는데도 이야기를 나누다 보면 아이의 마음을 제대로 알지 못할 때가 많았습니다. 부모조차 그렇다면 누군가 내 마음을 온전히 알아주는 건 불가능하지 않을까요. 그걸 모르고 이제까지 이 사람이 몰라주면 저 사람, 저 사람도 몰라주면 또 다른 사람을 찾아 헤맸습니다.

아이에게 배웁니다. 아이들은 누군가가 마음을 알아주길 바라기보다 본인의 마음을 표현하려고 노력합니다. 놀림을 당해 기분이 나쁘면 친구에게 '네가 놀려서 나는 기분이 나빠'라고 알렸고, 기분이 나쁘면 같이 놀 수 없다고도 정확히 말했습니다. (아쉽게도 이 방법은 통하지 않았지만요.) 저도 노력 중입니다. 누군가가 내 마음 좀 알아주면 좋겠다 싶을 땐 누군가에게 내 마음을 알립니다. 그리고 그보다 먼저 내가 나에게 그 누군가가 되려고 합니다. 내 마음에 대한 책임은 나에게 있으니까요.

부모 역할 훈련(PET)

토머스 고든 지음 | 이훈구 옮김
양철북
2002년 12월

'적극적 듣기', '나 메시지', '무패 방법'을 제시한 P.E.T 프로그램을 집대성한 책으로, 전세계적으로 400만 부가 팔린 교육학의 고전입니다.
거실에 책장이 있는데, 대부분 아이들 책인데 한 칸은 남편과 제 책을 꽂는 공간입니다. 저는 주로 아이들을 대할 때 기억하면 좋을 책을 꽂아두는 편입니다. 그래서 한가운데 이 책을 꽂아놨습니다. 책 표지만 봐도 '아이들 앞에서는 더 솔직해야지', '이 일이 내가 끌고 가야 하는 일인가, 아이가 끌고 가야 하는 일인가'를 고민하게 됩니다. 실제 부모들을 교육하는 과정이 녹아 있으니 나도 같이 교육받는다는 느낌으로 연습하면 '부모 역할 과외'를 받을 수 있습니다.

같이 연습해봐요

	아이가 해요	부모가 해줘요
일어나기		
밥 먹기		
양치하기		
세수하기		
옷 고르기		
옷 입기		
신발 신기		

아이들의 '아침 할 일' 목록입니다.

리스트를 우리 아이가 스스로 하는 것,

부모가 해주는 것으로 나눠보세요.

부모가 도와주거나 기다려줘서

아이가 혼자 할 수 있는 일이라면, 해주는 대신

도움을 주면 어떨까요?

나 메 시 지 :

화, 참는 것이 능사가 아니다
《부모 역할 훈련(PET)》을 읽고(Ⅱ)

기쁘면 기뻐하고, 화가 나면 꾹 참습니다. 부모가 되기 전까진 그랬습니다. 그리 욱하는 성격도 아니고 욱할 것 같다가도 좋은 게 좋은 거라고 주문을 외우다 보면 어느 순간 좋은 구석이 보이기도 했습니다. 그럭저럭 참을 만했습니다. 그런데 부모가 되고 달라졌습니다. 하루에도 여러 번 욱, 화가 올라오더군요. 상대가 아이이기에 더 참으려 했지만, 아이이기에 더 못 참고 소리를 지르기도 했습니다. 그런 날은 아이가 잠들면 '조금 더 참을걸' 후회를 했습니다.

　그러다 비슷한 시기에 엄마가 된 지인을 만났습니다. 아이를 낳고는 소리를 지른 적이 거의 없다고 하더군요. 화가 안 나냐고 물었더니 물론 난다고, 그것도 자주 난다고 했습니다. 그런데도 소리를 지르지 않는다니 신기했습니다. 비법이 궁금했죠.

"그런데 어떻게 그렇게 잘 참아요?" 물었더니 웃더군요.

"안 참아요. 오히려 화를 잘 내요."

화를 잘 내는데 소리를 지른 적이 없다고? 앞뒤가 맞지 않는 상황에 갸우뚱하고 있으니 덧붙였습니다. "감정에 휩싸여서 버럭 소리를 지르는 일은 없지만, 의도해서 현명하게 화를 내곤 해요." 더 갸우뚱하고 있으니 지인은 아침 시간 이야기를 시작했습니다.

화, 참지 말고 다루기

아침 기상부터 등원까지. 아이가 있는 집이라면 어느 집이나 긴장이 팽팽한 시간입니다. 일어날 시간은 다가오는데 아이가 단잠에 빠져 있으면 고민이 시작됩니다. '잠이 보약이라는데 더 재울까, 어린이집 가면 배고파도 참아야 할 텐데 한 숟가락이라도 더 먹여서 보낼까?' 조금 더 재우고 아침밥도 서둘러 먹여야지, 마음을 먹고 5분이 지나 아이를 깨우지만, 아이는 일어나지 않습니다. 겨우 식탁에 앉히지만, 아침밥도 서둘러 먹지 않죠. 그렇게 틀어지기 시작하면 양치, 세수, 옷 갈아입기까지 줄줄이 엉망진창이 됩니다.

"참고 또 참았어요. 화를 내면 아이가 겁에 질리고, 겁에 질리면 속도가 더 느려지니까요. 화를 내는 게 도움이 되지 않으니 일단 참고 등원 준비를 하자 생각했던 거죠. 그런데 한두 번은 참아도 등원 준비를 하는 내내 참기는 어렵더라고요. 현관문을 나서기 전에 인내심이 고갈됐고 폭발하듯 화를 쏟아냈어요."

그렇게 아이가 등원한 날은 하원할 때까지 마음이 편치 않죠. 지인은 그런 날이 반복되며 두 가지 교훈을 얻었다고 했습니다. 첫째는 화를 참으면 없어지는 것이 아니라 쌓인다는 것이었고 둘째는 (초인적인 힘을 발휘해) 화를 참으면 아이는 그 상황이 화가 나는 상황이라는 것을 배우지 못한다는 것입니다. 그래서 더 화를 참지 않기로 했답니다. 화를 참는 대신 다루기로 했습니다.

"일단 아이에게 상황을 차분하게 설명하는 것부터 시작했어요. 양치할 시간에 아이가 조금만 더 놀고 하겠다고 늑장을 부리면 '지금 양치를 해야 늦지 않게 집에서 나설 수 있어. 양치가 늦어져서 시간이 촉박해지면 엄마가 서두르게 되고 마음이 불편해져. 지금도 시간이 지나고 있어서 엄마 마음이 불편해지기 시작했어'라고 말하는 식으로요."

일종의 '화 예고제'입니다. 마음이 불편해지기 시작했다. 점점 더 불편해지고 있다. 화가 날 것 같다. 화가 나고 있다는 식으로 마음의 변화를 수시로 이야기합니다. 그러다 결국 "엄마 화났어!"에 도달하면 화를 내고, 화가 나기 전에 아이가 행동을 바꾸면 화를 내지 않습니다. 참은 것이 아니라 아이가 행동을 바꿨으니 실제로 화가 날 이유가 사라지는 것입니다.

이야기를 듣다 보니 지인은 고든이 주장한 '나 메시지' 전달법을 쓰고 있더군요. '나 메시지'는 간단하게 말하면 '나'를 주어로 하는 메시지입니다. '피곤해서 놀고 싶지가 않아', '집을 나서야 하는 시간이 다가오면 엄마는 마음이 조급해져'와 같이 '나'를 주어로 하는 만큼 '내'가 중심이 됩니다. 피아제Piaget의 인지발달이론에 따르면 전조작 단계(2~7세)의 아이들은 다른 사람의 관점에서 상황을 파악하는 능력이 부족합니다. 화가 나는 상황이라는 것을 파악하지 못해 그 행동을 계속한다는 것입니다. 그러니 상황과 타인의 마음을 그대로 설명하는 것만으로도 아이 스스로 행동을 바꾸게 할 수 있습니다. 아이에게 상황을 설명하면 "진짜? 그럼 안 할래"라고 하는 이유입니다. 지인은 '나 메시지'를 활용해 불편한 감정을 효과적으로 아이에게 전달해 상황의 변화를 끌어내고 있었던 것입니다.

반대로 같은 상황에서 저는 화를 꾹 참았습니다. 양치할 시간에 아이가 더 놀고 싶어 하면 조바심이 나도 어르고 달래며 세면대 앞으로 아이를 끌었습니다. 처음엔 '양치하자' 부드럽게 시작했지만, 아이가 거부하면 '양치하자고', '양치할 거야 안 할 거야!' 목소리가 굳어갔습니다. 직접적으로 표현하지 않았을 뿐 점점 굳어가는 얼굴과 목소리 톤에 아이도 엄마가 점점 화가 나고 있다는 것을 눈치챘을 것입니다. 그리고 마지막은 예상하다시피 폭발. "너! 엄마가 몇 번 말했어?"로 시작해 참았던 만큼 응축된 화를 쏟아냈습니다. 아이는 이유도 모른 채 엄마가 소리를 쳤다는 사실에 겁에 질려 울음부터 터뜨렸고요. 돌아보니 그럴 때 저는 주로 "너는 어제도 양치 안 하겠다고 해서 혼나고 오늘 또 그러면 어떡해!", "네가 늑장을 부려서 지각하게 생겼잖아"처럼 '너'를 주어로 하는 '너 메시지'로 이야기하고 있었습니다.

고든은 부모는 아이들에게 '너 메시지'를 주로 사용하는데 부정적인 감정일 때 쓰는 '너 메시지'는 아이를 무시하는 말일 확률이 크다고 지적했습니다. "너는 꼭 바쁠 때만 딴짓하더라", "착한 아이라면 그런 짓은 하지 않아"와 같이 아이의 인격을 깎아내리고, 무시하고, 아이의 부족한 면만을 강조해 자아 개념에 부정적인 영향을 끼치는 말들입니다.

나 메시지 vs 너 메시지

화를 '나 메시지'를 써서 표현해보기로 했습니다. 나 메시지는 덜 위협적으로 들리기 때문에 아이의 저항이나 반항을 불러일으킬 가능성이 적습니다. 당연히 부모와 아이의 관계에 긍정적으로 작용하죠. 또 직접적으로 지시하는 게 아니라 아이가 상황을 읽고 깨닫게 합니다. 그 때문에 스스로 성장하는 기회로 이어지고 자기 행동에 책임을 지게 됩니다.

알고 보니 나 메시지를 사용하지 않을 이유가 없더군요. 써보지 않아서 어색했지만 복잡한 기술이 필요한 것도 아니었습니다. 행동과 감정 그리고 영향이라는 세 가지 요소만 갖춰 말하면 '온전한' 나 메시지가 완성됩니다.

우선 아이의 말이나 행동을 단순하게 묘사합니다. 앞서 예로 든 아침 시간의 경우 "양치할 시간인데 장난감을 가지고 놀고 있네"라고 있는 그대로 전하는 것입니다. 그리고 그에 따른 나의 감정을 덧붙입니다. "양치할 시간인데 장난감을 가지고 놀고 있어서 엄마는 마음이 급해져" 여기까지만 이야기해도 아이가 변화를 보이는 경우가 많습니다. 아직 변화를 보이지 않는다면 아이의 행동이 나에게 미치는 실제적이고 구체적인 영향까지 말합니다. "양치할 시간인데 장난감을 가지고 놀고 있어서 엄마는 마음이 급해져. 제시간에 집을 나서지 못하면 엄마 회사에 지각하게 되거든."

완벽히 이해했다고 생각했는데도 적용은 쉽지 않았습니다. 막상 화가 나면 나도 모르게 꾹 참다가 욱하고 말았습니다. 욱한 뒤에야 '나 메시지로 이야기할걸' 후회했습니다. 가만 생각해보니 나 메시지가 부모와 아이와의 관계에만 도움이 될 것 같지는 않았습니다. 오히려 크고 작은 의견 충돌은 부부 사이에 더 잦았습니다. 연습할 겸 남편과 나 메시지를 시도해봤습니다.

마침 그 주 주말에 남편이 친구들과 약속을 잡았다고 했습니다. (머릿속으로 멘트를 연습하고) "주말은 우리 네 식구가 함께하는 시간인데 상의도 없이 친구들을 만나러 간다고 하니 당황스럽네"라고 했습니다. 남편이 머쓱해하며 "미안해. 날짜를 바꿔볼까?"라고 하더군요. 평소 같았으면 저는 "어떻게 한 마디 상의도 없이 친구들하고 약속을 잡아? 나랑 애들은 생각 안 해?"라고 했을 테고 미안해서 조심스레 이야기를 꺼냈던 남편도 정색하며 "당신도 친구 만나면 되잖아!" 받아쳤을 텐데 사뭇 다른 광경이었습니다.

집안일로 부딪힐 때도 적용했습니다. 우리 집의 경우 요리는 저, 설거지는 남편이 담당합니다. 정성껏 요리해 온 식구가 둘러앉아 같이 먹었으면 바로 설거지를 하면 좋을 텐데 남편은 늘 싱크대에 그릇을 쌓아두고 소파에 앉아 스마트폰을 봅니다. 그럴 때마다 "설거지하고 쉬면 안 돼? 저렇게 쌓아두면 냄새가 계속 나잖아"라고 말했습니다. 같은 상황, 나-메시지를 적용했습니다. "설거짓거리가 싱크대에 가득 차 있으니 냄새가 계속 나서 신경이 쓰이네"라고요. 놀라운 일이 일어났습니다. 평소에는 스마트폰에서 눈도 떼지 않고 "내가 알아서 할 테니 신경 쓰지 마"라고 말하던 남편이 "이 영상 끝나면 하려는데 우선 환기라도 할까?"라며 창문을 열더군요.

고든은 한 사람이 너 메시지를 사용하면 상대방도 너 메시지를, 한 사람이 나 메시지를 사용하면 상대방도 나 메시지로 응하는 경우가 많다고 했습니다. 너 메시지는 상대방의 입장에서 공격처럼 느껴지니 자신을 방어하기 위해 마찬가지로 공격적인 너 메시지를 쓰게 되는데 나 메시지로 이야기하면 공격처럼 느껴지지 않으니 상대방도 방어할 필요가 없는 것이지요. 그 말은 사실이었습니다.

연습하다 보니 꼭 부정적인 상황에서만 나 메시지가 도움이 되는 건 아니더군요. 작년에는 정신없이 지내다 보니 어버이날을 잊었습니다. 분명 전날까지는 기억하고 있었는데 당일에 새까맣게 잊은 것입니다. 잊은 것조차 모르고 있었는데 시어머니께 문자가 왔습니다.

'덕분에 몇 년 만에 꽃다발을 받았다. 고맙다.'

그제야 어버이날인 게 기억났습니다. 잠깐 눈앞이 깜깜했다가 남편이 내 이름으로 양가에 꽃다발을 보냈다는 사실이 짐작됐습니다. "당신이 꽃다발 보냈지? 요즘 나 완전히 잊고 있었는데 덕분에 며느리 노릇, 딸 노릇했어. 고마워" 문자를 보냈습니다. 보내고 다시 들여다보니 상황을 구체적으로 설명했고 그에 따른 감정을 말했더군요. 예전 같았으면 '우리 남편 짱!'으로 끝냈을 텐데 나 메시지에 익숙해지니 감사한 마나 메시지는 덜 위협적으로 들리기 때문에 아이의 저항이나 반항을 불러일으킬 가능성이 적습니다. 당연히 부모와 아이의 관계에 긍정적으로 작용하죠. 또 직접적으로 지시하는 게 아니라 아이가 상황을 읽고 깨닫게 합니다. 그 때문에 스스로 성장하는 기회로 이어지고 자기 행동에 책임을 지게 됩니다.

음도 더 구체적으로, 더 깊이 전할 수 있었습니다.

일상 곳곳에서도 활용하는 중입니다. 점심시간에 동료와 맛집에 갔는데 옆 테이블에서 투덜대는 소리가 들리더군요. "넌 이게 맛있어서 줄 서서 먹자고 한 거야?", "네 입맛이 이상한 거지. 봐봐 다들 맛있게 먹고 있잖아" 너 메시지로 시작된 전형적인 말다툼이었습니다. 나 메시지를 이용했다면 어땠을까? 상상해봤습니다. "내 입맛에는 그렇게 맞지는 않네"라고 말했다면 "난 괜찮은데, 입맛은 사람마다 다를 수 있으니…" 정도의 대화가 오가지 않았을까요. 음식이 만족스럽지 않다는 메시지는 같으나 전달법에 따라 분위기는 크게 달라질 수 있습니다.

요즘은 아이들과의 대화에서도 나 메시지가 툭툭 나옵니다. 예전 같았으면 "너희들은 어지르는 사람이고 엄마는 치우는 사람이야? 방금 치우는 거 못 봤어? 빨리 치우지 못해!"라고 했을 상황에 이제는 차분히 "방금 거실을 정리했는데 또 어질러졌네. 엄마 힘이 빠진다"라고 말합니다. "치우려고 했어" 억지로 엉덩이를 떼던 아이들이 "이번엔 내가 치울게" 벌떡 일어납니다.

아이들끼리도 나 메시지를 사용합니다. 특히 두 아이가 다툴 때 효과적입니다. 둘도 없는 친구같이 사이좋게 놀다가도 순식간에 "오빠가 밀었잖아!", "네가 소리를 지르니까 그랬지!" 투덜거립니다. 첫째도 둘째도 서로의 잘못을 찾고 '네 탓'을 하느라 바쁩니다. 그럴 때면 쓱 다가가 규칙을 말합니다. "지금부터는 무조건 나로 시작해서 이야기하는 거야"라고요. 나로 시작하면 더 이상 상대의 잘못을 들추지 못합니다. "나는 넘어져서 아파", "나는 시끄러워서 정신이 없어"처럼 내 상태와 기분을 전달하게 되지요. '나'로 시작하려니 문장도 이상하고 완벽한 나 메시지도 아니지만 이렇게만 해도 서로를 탓하며 싸움이 더 커지는 것을 막는 데 도움이 됩니다.

아이들 앞에서 솔직해도 될까?

주변에 나 메시지 이야기를 자주 합니다. 그러면 다들 "좋은 건 알겠는데 어색해서 입 밖으로 못 내뱉을 것 같아요"라고 하십니다. 압니다. 저도 그랬으니까요. 겸손과 양보가 미덕인 우리나라에서 '나'를 중심으로 이야기하는 건 어색한 일입니다. '나'를 중심에 둔 대화법도 낯선데 나 메시지에서는 내 감정까지 드러내려니 말 그대로 이중고였습니다. 화는 꾹 눌러야 한다고 배웠고, 잘 참을 때 칭찬을 들었으니까요. 행복하다, 즐겁다, 기쁘다 등의 긍정적인 감정은 자주 표현했지만, 화가 난다, 속상하다, 짜증난다와 같은 부정적인 감정은 감추기 바빴습니다.

특히 부모가 되고 더 그랬습니다. 아이 앞에서 최고는 아니더라도 최선의 모습을 보여주고 싶습니다. 웃는 모습, 온화한 모습만 보여주고 싶고요. 그래서 아파도 꾹, 힘들어도 꾹, 화가 나도 꾹 참았습니다. 그런데 나 메시지에서는 내 감정을, 그중에서도 부정적인 감정을 그대로 표현합니다. '다른 사람도 아니고 아이 앞에서 그래도 될까?' 조심스러웠습니다. 그리고 어린 시절 기억이 났습니다. 친정엄마는 화를 거의 내지 않으셨습니다. 아주 잘 참으셨습니다. 문제는 엄마는 화를 내지 않으셨지만 저는 화를 느꼈다는 것입니다. "엄마 화났어?" 물으면 "아니"라고 하셨지만 얼굴에서, 말투에서, 몸짓에서 화가 느껴졌습니다. 어린 마음에도 그 상황이 불편해 '그냥 화가 났다고 말하고, 화난 이유를 말해주지' 싶었습니다. '나 때문인가? 언니 때문인가?', '내가 뭘 잘못했나?' 온갖 추측을 하며 '이렇게 하면 엄마 기분이 나아질까?', '이제 엄마가 좀 괜찮나?' 눈치를 봤습니다. 이제 와 말하지만 화를 내는 엄마보다 화를 숨기는 엄마가 더 무서웠습니다. 그렇게 생각하자 아이 앞일수록 감정에 솔직해야겠다는 결론이 내려졌습니다. 나 메시지는 단순히 감정을 표현하는 것만이 아니라 앞선 행동을 말한 뒤 그에 따른 감정을 말하는 것이니 아이가 눈치를 보며 엉뚱한 추측을 하는 일도 없습니다.

무엇보다 좋은 점은 나 메시지를 쓰려면 내 마음, 내 상황, 그리고 나에게 필요한 것도 알아야 한다는 것입니다. 부모가 되고는 아이가 우선입니다. 아이의 마음이 우선이고 아이의 상황이 우선입니다. 아이에게는 '괜찮아?', '마음이 어때?' 하루에도 여러 번 물어보면서 내 마음은 살필 여유가 없습니다. 생활 자체가 '나'보다 '너(아이)'가 중심이니 나 메시지보다 너-메시지에 더 익숙해진 것 같습니다. 요즘은 나 메시지를 쓰며 나를 살피는 중입니다. 수시로 내 기분을 살피기로 했습니다. 마침 둘째의 유치원은 주말마다 감정일기 쓰기를 숙제로 내주거든요. 웃는 얼굴, 우는 얼굴, 놀란 얼굴, 화가 난 얼굴 등 일곱 가지 얼굴 중 내 기분과 가장 비슷한 얼굴에 동그라미를 그리고 언제, 무엇을 할 때 그런 기분을 느꼈는지 적는 것입니다. 도화지에 일기에 있는 표정을 따라 그리고 냉장고 앞에 붙였습니다.

냉장고를 지날 때마다 지금 내 마음과 가장 가까운 얼굴을 찾아봅니다. 표정을 가르키며 '지금 엄마 마음이야'라고 아이들에게 알려주기도 합니다. 그러자 놀라운 반응이 돌아왔습니다. '엄마가 속상해'라고 하면 아이들이 진심으로 걱정하고 위로해줍니다. '엄마가 우울해'라고 하면 엉덩이춤까지 추며 '이제 힘이 나?' 기분을 바꿔주려 애를 씁니다. 하루는 "회사에 일이 많아서 열심히 했더니 머리가 아프다"고 했더니 "침대에 누워서 꼼짝 마"라고 하며 침실 문까지 닫고 나갔습니다. '휴식권'을 보장해주더니 문밖에 서서 "엄마는 내가 지킬 거야", "아냐 내가 지킬 거야" 아옹다옹하더군요. 나 메시지를 익힌 덕분에 얻은 선물이었습니다.

◉ 장난감을 정리하라고 말을 했는데도 아이는 다른 장난감을 꺼내서 더 어지를 뿐 정리할 생각을 하지 않습니다. 이럴 때 어떻게 말할까요?

• 평소대로

....

• 나 메시지로 바꾼다면?

....

낙관주의 :

세상을 해석하는 올바른 방법

《낙관적인 아이》를 읽고

어렸을 때 넘어져 울고 있으면 엄마가 달려와 손바닥으로 땅을 때리며 '때찌 때찌'라고 하셨습니다. 책상 모서리에 찧으면 모서리를 때리며 '때찌 때찌'라고 하셨죠. 너무 아파 울음을 멈추지 못하면 "엄마가 모서리 더 혼내줄게"라고 하시며 더 크게 '때찌 때찌' 하셨습니다. 지금이야 말도 안 되는 위로라는 걸 알지만 당시엔 그런 엄마가 꽤 든든했습니다. 그래서 부모가 되고 내 아이에게도 똑같이 해줬습니다. 넘어져 울고 있으면 후다닥 달려가 땅을 흘겨보며 "네가 우리 웅이 다치게 한 거야?" 큰 소리를 내며 '때찌 때찌' 혼내줬습니다. 한술 더 떴습니다. 첫째가 울음을 그치면 땅을 향해 "또 한 번만 그래 봐. 이 아줌마가 가만 안 둘 거야!" 어깃장을 났습니다. 그런데 그 모습을 지켜보던 친정엄마가 "그렇게 하는 거 아니란다. 하지 마라"고 하시더군요.

"엄마가 '때찌 때찌' 해줘서 엄청 든든했는데, 왜?"

"나중에 알았는데 '때찌 때찌' 하면 애가 자기 잘못은 모르고 남의 탓만 하게 된대. 넘어지게 했다고 땅 탓하는 거잖아."

생각하지 못했는데 맞는 말이더군요. 만약 넘어졌을 때 엄마가 '때 찌 때찌'가 아니라 "여기 턱이 있었네. 걸을 땐 앞을 잘 살펴야 해"라고 했다면 그다음부터는 앞을 살피며 걸어 덜 넘어졌을 수도 있습니다. 책 상 모서리에 찧었을 때 "모서리는 뾰족하고 잘 보이지 않을 수 있으니 너무 벽에 가까이 가지 않는 게 좋아"라고 하셨으면 덜 찧었을 수도 있 고요. '땅 탓'이 아니라 '내 부주의'를 보는 기회가 되는 것입니다.

낙관주의자 vs 비관주의자

좋은 일이든 나쁜 일이든, 어떤 일이 벌어지면 누구나 원인을 생각 합니다. 왜 이런 일이 일어났는지를 되짚어 보는 거죠. 긍정 심리학의 창시자인 마틴 셀리그만Martin Seligman은 저서 《낙관적인 아이》에서 "사 람들은 각자 원인을 파악하는 나름의 방식인 '설명 양식explanatory style'을 가지고 있으며, 이 방식이 중요하다"고 말합니다. 설명 양식에 따라 낙 관주의자가 될지 비관주의자가 될지가 결정되기 때문입니다.

셀리그만은 설명 양식을 크게 세 가지 측면으로 나눴습니다. △책임의 주체 △원인의 지속 정도 △영향을 미치는 범위가 그것입니다. 어떤 일이 생기면 '누구'를 탓할 것이며, 그 일이 '얼마나 오래' 갈 것이며, 그 일로 내 삶이 '얼마나 큰' 피해를 볼 것인가에 의문을 품는다는 것입니다.

설명 양식의 세 가지 측면

책임의 주체	개인적: 내가 원인인 경우	외적: 원인이 다른 사람이나 주변 상황인 경우
원인의 지속 정도 (영구성)	영구적: 원인이 지속적인 영향을 미치는 경우	일시적: 원인이 변화 가능하거나 순간적인 경우
영향을 미치는 범위 (파급성)	포괄적: 원인이 여러 상황에 영향을 미치는 경우	구체적: 원인이 몇몇 상황에만 영향을 미치는 경우

어린아이가 어떤 상황에 대해 원인을 파악하는 방식도 이 측면을 벗어나지 않습니다. 셀리그만에 따르면 비관적인 아이는 나쁜 일이 일어났을 때 원인이 영구적이라고 믿습니다. 원인이 영원히 사라지지 않을 것이기 때문에 나쁜 일도 계속해서 이어질 거라고 생각합니다. 반면

낙관적인 아이는 일시적이고 변화 가능한 어떤 상태 때문에 일어났다고 믿기 때문에 나쁜 일에 함몰되지 않고 잘 극복해냅니다. 놀이터에서 아이들이 노는 것을 보고 있으면 한 아이가 "너랑 안 놀아!"라고 할 때가 있습니다. 그때 어떤 아이는 "결이가 날 싫어해"라고 울며 엄마에게 다가오는 반면 "엄마, 결이가 기분이 안 좋은가 봐. 나랑 안 논대"라는 아이도 있습니다. '결이가 자신을 싫어한다'고 생각한 아이는 다음 날도 결이와 놀 생각을 하지 않겠지만 '결이가 기분이 안 좋은 것 같다'고 생각한 아이는 다음 날 다시 결이에게 "놀자~"며 쉽게 다가갈 수 있습니다.

비관적인 아이는 나쁜 일의 원인을 포괄적으로 봅니다. '내가 멍청해서(나빠서) 그래'라고 생각하는 거죠. 원인을 포괄적으로 파악하면 '멍청한 나는 다른 일도 잘할 리 없어'라며 다른 상황에 확대 적용하기도 쉽습니다. 작은 실패도 쉽게 벗어나지 못하고 크게 좌절하는 것이죠. 낙관적인 아이는 나쁜 일의 원인을 구체적으로 살핍니다. '이 부분 연습이 부족했네'라는 식으로 생각합니다. 구체적으로 원인을 파악하는 만큼 다른 상황으로 확대하지 않습니다. '덧셈은 어렵더라'고 생각하기는 하지만 '나는 공부를 못해'까지 확대하지는 않습니다.

책임의 주체에 대해서도 다릅니다. 비관적인 아이는 나쁜 일이 일어나면 습관적으로 내 잘못이라고 생각하며 '내 행동'을 넘어 '나 자체'에 잘못이 있다고 여기고 '전면적인 자기 비난general self-blame'을 합니다.

낙관적인 아이는 책임의 주체가 나인지 남인지를 파악하고 내 책임이라면, 어느 만큼이 내 책임인지 내 어떤 행동이 잘못되었는지를 찾는 '행동에 대한 자기 비난behavioral self-blame'을 합니다.

셀리그만은 "한 사람의 설명 양식은 어릴 때부터 발달하며 특별한 계기가 없다면 평생 지속된다"고 했습니다. 아이들을 찬찬히 떠올려봤습니다. 아침에 늦잠을 자면 눈이 동그래져서는 "어젯밤에 일찍 잘걸"이라는 첫째, 오빠가 "저리 가"라고 하면 입을 샐쭉 하고는 "나랑 놀고 싶을 때 말해"라고 하는 둘째의 모습이 생각났습니다. 다행이다 싶었습니다.

하지만 안심하기는 이릅니다. 아이들은 '적극성과 낙관적인 성향'을 타고 난다고 했거든요. 낙관적인 성향을 지니고 태어난 아이들은 자라며 '혼낼 때 부모의 태도'와 '실패에 대한 부모의 태도'를 직접적 그리고 간접적으로 배우며 '설명 양식'을 바꾸어 갑니다.

한 템포 느리게 반응하기

첫째가 둘째를 혼낼 때가 있습니다. (제 눈엔) 아기가 더 어린 아기에게 호통을 치는 게 웃음이 나 모르는 척 듣고 있다가 매번 같은 문장에서 화들짝 놀랍니다.

"너 때문에 오빠가 늙는다. 늙어."

제가 아이들을 혼낼 때 습관처럼 하는 말이거든요. '엄마' 자리에 '오빠'를 넣고 한숨까지 똑같이 따라 쉬는 모습에 얼굴이 달아올라 '아이 앞에서는 찬물도 못 마신다'는 말을 실감했습니다. 셀리그만의 책을 읽고는 실감을 넘어 제 말을 아이들이 내면화했을 수도 있다는 생각에 걱정이 앞서더군요. 저의 '설명 양식'을 살펴보니 낙관적인 성향보다 비관적인 성향이 강했기 때문입니다. 평소에 '잘 될 거야', '마음먹으면 못 할 것 없다' 긍정적으로 생각하려는 편이라 낙관주의자인 줄 알았는데 아니었습니다. 낙관주의는 원인을 파악하는 방식이 핵심이었습니다. 깜빡할 때면 '이래서 어디다 써먹나' 자책하고 그릇을 깨면 '난 정말 덤벙대' 자기 비난을 합니다. 모두 영구적이고 포괄적인 설명 양식으로 비관적인 사고입니다. 아이들을 혼낼 때도 '낙관적인 비난'보다는 '비관적인 비난'을 할 때가 많았습니다.

비관적인 비난	낙관적인 비난
"이래서 어디다 써먹나."	"다음번에는 조금 더 꼼꼼히 살펴볼까?"
"난 정말 덤벙대."	"일이 많으니 놓치는 게 생기네."

낙관적인 아이는 나쁜 일이 생겼을 때 일시적이고 변화 가능한 어떤 상태 때문에 일어났다고 믿기 때문에 나쁜 일에 함몰되지 않고 잘 극복해냅니다.

셀리그만은 "아이들은 어른이 자신을 어떻게 비난하는지 듣고, 그 내용뿐 아니라 비난하는 양식까지도 받아들인다"고 했습니다. 부모가 자신들에게 닥친 불행을 어떤 식으로 해석하는지 잘 듣고 있다가 그대로 따라하기도 하고요. 그는 결국 자기 비난에 대한 아이의 설명 양식은 부모가 만드는 것이니 낙관적인 아이로 키우려면 두 가지 규칙을 지킬 것을 조언합니다.

첫 번째 규칙은 정확성입니다. 과장된 비판은 필요 이상의 죄의식과 수치심을 유발하고 축소된 비판은 책임을 회피하는 습관으로 이어질 수 있습니다. 잘못의 크기와 비례한 정확한 비판이 필요합니다. 생각해보면 아이가 저지른 잘못의 크기가 아닌 내가 얼마나 화가 났냐에 비례해 비판의 강도가 달라졌던 것 같습니다. 작은 잘못을 했을 때는 작게, 큰 잘못을 했을 때는 크게 비판하려고 합니다.

두 번째 규칙은 낙관적인 설명 양식에 따라 비판하는 것입니다. 비판할 때 '아이의 성격이나 능력이 아니라 구체적이고 일시적인 원인'에 중점을 두는 것이죠. 구체적이고 일시적인 원인을 든 비판은 아이에게 개선을 위한 가이드라인이 될 수 있습니다. 낙관적인 사고를 익히는 기회가 되지요. 우선 '대안 없는 비판'은 하지 않으려고 합니다. "넌 정말 칠칠하지 못해"와 같은 대안 없는 비판은 공격으로 느껴질 수 있거든요. 공격으로 느껴지면 아이는 주눅이 들거나 맞공격을 할 수 있습니다. 대안을 제시하며 비판할 때 아이도 변합니다.

두 가지 규칙을 실천하기 위해 만든 원칙은 '한 템포 느리게 반응하기'입니다. 아이가 잘못을 저질렀을 때 즉각적으로 반응하면 "넌 왜 이렇게 조심성이 없어!" 식의 '비관적인 비난'이 나가곤 했습니다. 제가 흥분했기 때문이죠. 흥분한 상태에서는 이성적으로 반응하기 어렵습니다. 아이가 잘못을 저지르면 생명을 위협하는 상황이 아니라면 일단 심호흡을 열 번 합니다. 마음을 진정하고 입을 열면 적어도 덜 비판적인 비난을 할 수 있습니다. 아이들에게서 고쳐야 할 습관이 보일 땐 조금 더 느리게 반응합니다. 정확히 말하면 '세 템포 느리게 반응'합니다. 잘못된 행동이 세 번 반복될 때 지적하는 것입니다. 처음 눈에 띄면 '지켜보자' 기억해두고, 두 번째 반복하면 '한 번 더 그러면 뭐라고 할까' 낙관적인 비난을 염두에 두고 시나리오를 짜둡니다. 세 번째 눈에 띄면 미리 짜 둔 시나리오대로 말합니다.

같은 상황, 다른 결과를 만들고 싶다면

동시에 제 설명 양식을 바꾸려고 노력하고 있습니다. 내 설명 양식이 바뀌지 않는 이상 아이를 혼낼 때만 다른 설명 양식이 나오기 어려우니까요. 앨버트 엘리스Albert Ellis와 아론 벡Aaron Beck이 만든 인지치료법 'ABC모델'을 참고했습니다. A는 역경adversity의 머리글자입니다. 시험을 망쳤을 때, 친구와 다퉜을 때, 사고가 났을 때 등 온갖 나쁜 일을 말합니다. C는 결과consequences로 나쁜 일이 일어난 뒤 기분이 어떻고, 어떤 행동을 하느냐는 것입니다. 많은 사람이 나쁜 일(A)이 벌어지면 자동으로 결과(C)로 이어진다고 생각하지만 ABC모델에 따르면 중간에 숨겨진 B가 있습니다. 나쁜 일(A)에 대해 어떻게 생각하고 해석(B, beliefs)하느냐에 따라 결과(C_1, C_2)가 달라진다는 것입니다.

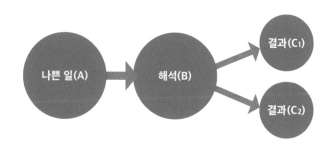

궁금했습니다. 같은 상황에서 저는 스트레스를 받는 반면 그렇지 않은 지인들도 있거든요. 타고난 멘탈이 다른가 싶었는데 어쩌면 B에서 답을 찾을 수 있을 것 같았습니다. 평소에 제가 멘탈갑이라고 부르는 친구와 만났습니다. 회사에서 중요한 프로젝트를 맡아 스트레스를 받던 때였습니다. 친구는 대뜸 "왜 스트레스를 받아. 네 실력을 보여줄 기회인데"라고 했습니다.

"잘해야 인정받지, 못 해내면 어떡해."

"잘할 수도 있고, 못할 수도 있지. 그리고 그 일이 성공 아니면 실패로 나뉘는 거야?"

"그건 아니지."

"그럼 해내냐 못 해내냐를 걱정할 필요는 없는 거네. 얼마큼 실력을 보여줄 수 있느냐가 다른 것뿐이니까."

친구는 '모 아니면 도', '잘한 것 아니면 못한 것'이라는 사고에서 벗어나면 스트레스를 덜 받을 수 있다고 했습니다. 그러고 보니 저는 말을 할 때 자주 '꼭', '반드시'로 시작했습니다. '이 일은 꼭 해내야 해', '반드시 잘할 거야'라는 식으로요. 친구는 '꼭 해내야 하는 일'로 생각하지 말고 '잘하고 싶은 일'로 생각해보라고 했습니다. 스트레스가 덜할 거라면서요. 그리고 '~면 어떡해'라는 걱정이 되면 실제로 그 일이 벌어질 가능성을 생각해보라고 하더군요. 대부분 최악의 상황을 걱정할 때가 많고 최악의 상황인 만큼 실제 일어날 가능성은 높지 않습니다. 친구의 조언 덕분에 '꼭', '반드시', '해야 한다'는 빼고 '~면 어떡해' 걱정이 되면 현실적으로 생각해봅니다. 그것만으로도 스트레스가 줄었습니다.

아이들에게도 적용했습니다. 가끔 첫째가 "엄만 만날 결이만 예뻐해!"라고 하면 "엄마가 언제 결이만 예뻐했다고 해! 어제는 너만 안아줬고 아까 과자도 너를 더 많이 줬거든!"이라고 했는데 이제는 "엄마가 결이를 더 예뻐한다고 느꼈구나" 아이의 표현 강도를 한 계단 내려서 다시 표현해줍니다. 아이의 마음이 누그러지는 게 느껴집니다.

이 책을 읽고 썼어요

낙관적인 아이

마틴 셀리그만 지음 | 문용린 감수 | 김세영 옮김
물푸레
2010년 12월

대규모 아동 연구를 통해 우울증 예방 프로그램을 개발한 저자가 비관적인 생각을 낙관적으로 바꾸는 기술을 알려줍니다. 저자는 긍정심리학의 개척자인 마틴 셀리그만.

'다 잘 될 거야'라고 생각하는 것이 낙관주의인 줄 알았습니다. 늘 긍정적인 사람들이 부러워 '다 잘 될 거야'를 주문처럼 외웠지요. 하지만 아무리 외워도 다 잘 될 것 같지 않았습니다. 저는 타고난 비관론자구나 싶었을 때 이 책을 만났습니다. 현실을 왜곡한 채 그저 '다 잘 될 거야'라고 믿는 건 '비현실적인 낙관주의'라는 걸 알았습니다. 진정한 낙관주의는 현실을 똑바로 마주하고 그 안에서 긍정적인 면을 찾아내는 것이었습니다. 마지막 장을 덮으며 예방주사를 맞는 셈치고 최악의 상황을 가정하고 대비하던 습관부터 버렸습니다. 그것도 현실을 왜곡하는 거니까요.

상황

블록을 조립하던 아이가 "안 해! 아무리 해도 안 돼! 나 이제 블록 안할 거야!"
라고 한다면

평소의 반응	낙관주의적 반응

평소에 블록을 좋아하던 아이도 조립이 어려울 때는
짜증을 내며 '다시는 안 해!' 라는 말을 할 수 있습니다.
그럴 때 '모든 블록'이 아닌 '이 블록'이
복잡해서 그런 것이라는 걸 알려주면,
블록 자체를 거부하는 일을 줄일 수 있습니다.

성장형 사고 :

끝까지 노력하는 아이로 키우고 싶다면

《마인드셋》을 읽고

명절에 친척들이 모이면 늘 아이들이 화제의 중심입니다. 부모가 되기 전에는 저도 사촌 조카들을 보며 "손가락 쪽쪽 빨던 그 꼬맹이가 이렇게 큰 거예요?", "이제는 저보다 말도 더 잘하네요" 머리를 쓰다듬었습니다. 자주 만나지 못하는 조카들이니 볼 때마다 한 뼘씩은 자라있었고 아이들은 하루가 다르다는 말을 실감했었습니다. 아이들을 키우면서는 또 한 번 실감하고 있고요.

부모가 되기 전에는 아이들의 성장 속도가 놀랍더니 부모가 되고 나서는 성장하는 과정이 더 놀라웠습니다. 때가 되면 다 하는 것인 줄 알았는데 가까이서 보니 '엄마'라는 단어 하나도 셀 수 없는 노력 끝에 내뱉는 것이었습니다. '음~ 음~' 하다가 (내 귀에는 엄마로 들리는) '음마'를 거쳐 (남들 귀에도 엄마로 들리는) '엄마'라고 발음하게 되더군요. 알고 보니 아이가 만 번을 듣고 연습한 끝에 말하게 되는 것이라고 했습니다. 걸음마도 마찬가지입니다. 온 힘을 다해 일어서고, 일어서자마자 넘어져 엉덩방아를 찧고, 다시 일어나 또 엉덩방아를 찧고, 또 일어나 한 걸음을 떼는 과정을 2,000번 정도 반복한 뒤 비로소 걷게 됩니다. 이 과정을 눈앞에서 보고 있으니 놀라운 것을 넘어 감탄하게 됩니다. 아이가 결국 해내는 순간 손바닥이 터져라 박수를 치는 건 오버액션이 아니었습니다.

동시에 나를 돌아보게 되더군요. 나는 언제 마지막으로 아이만큼 노력을 했나 생각해봤습니다. 부끄럽게도 가물가물했습니다. 끝까지 노력한 기억보다는 '될 때까지 해보자!' 마음을 먹었다가도 한두 번 해보고 '결국 안 되면 괜한 힘만 빼는 거 아닌가, 어차피 그만둘 거 빨리 그만두는 게 낫지 않나' 슬쩍 발을 뺀 기억이 떠올랐습니다. 적어도 이 모습만큼은 제가 아이를 가르치는 것이 아닌, 아이에게서 제가 배우고 싶었습니다.

성장 마인드셋 vs 고정 마인드셋

생각해보면 저도 어렸을 때는 아이들처럼 앞뒤 재지 않고 덤비고 세상 모든 것을 알고 싶었습니다. 스탠퍼드대 심리학과 캐럴 드웩Carol

Dweck 교수가 저서《마인드셋》에서 말한 것처럼 "누구나 처음에는 강한 학습 욕구를 가지고 태어나는" 것이죠. 그래서 말하고 걷는 것을 배울 때처럼 매일 최선을 다해 자신의 능력을 발휘합니다.

그렇다면 하나 궁금해지더군요. 언제부터 아이들이 어른들처럼 '너무 어렵다거나 노력할 가치가 없다는 이유로 포기하고 실수하거나 창피할까 봐 걱정하며 주저'하기 시작할까요? 드웩 교수는 '자기 자신을 평가할 수 있는 나이'를 그 순간으로 꼽았습니다. 똑똑하다는 소리를 듣지 못할까 봐, 실패해 비웃음을 살까 봐 도전을 두려워하게 된다는 것입니다. 그에 따르면 자신의 재능과 능력에 대해 '성장 마인드셋growth mindset'이었던 아이들이 자라며 '고정 마인드셋fixed mindset'으로 변합니다.

마인드셋은 말 그대로 마음가짐입니다. 재능과 능력을 어떻게 바라보냐에 따라 '성장 마인드셋'과 '고정 마인드셋'으로 나뉘죠. 성장 마인드셋은 누구나 자신의 재능과 능력을 성장시킬 수 있다고 믿습니다. 도전하고 노력한다면 현재의 능력 수준을 높일 수 있다고 여기죠. 반면 고정 마인드셋은 자신의 재능과 능력이 불변하고 고정되어 있다고 믿습니다. 재능과 능력이 있다, 없다의 문제이지 노력한다 해도 바뀌지 않는다고 여깁니다.

누구나 무궁무진한 잠재력을 가지고 태어난다고 합니다. 어떤 잠재력을 발견하고 얼마큼 발전시키느냐에 따라 성공 여부가 달라집니다.

성장 마인드셋 vs 고정 마인드셋

	고정 마인드셋	성장 마인드셋
기본 전제	재능과 능력은 불변하고 고정되어 있다.	재능과 능력은 발전될 수 있다.
욕구	똑똑해 보이고 싶다.	더 많이 배우고 싶다.
	따라서…	
도전	도전을 피한다.	도전을 받아들인다.
역경	쉽게 포기한다.	맞서 싸운다.
노력	하찮게 여긴다.	완성을 위한 도구로 여긴다.
비판	옳은 비판도 무시한다.	비판으로부터 배운다.

아이들은 아이인 만큼 모든 잠재력을 잠재하고 있습니다. 하지만 아이들은 잠재력의 존재 자체를 모릅니다. 만약 아이들이 걷기 잠재력이 있어야 걸을 수 있다고 생각한다면 2,000번가량 일어섰다 넘어지고 또

일어서는 과정을 반복했을까요? 말하기 능력이 있어야 말할 수 있다고 생각한다면 만 번이 넘게 시도했을까요? 100번 시도하기도 전에 '난 걸음마를 할 능력이 없나 봐', '난 엄마라고 말하지 못하나 봐' 포기하고 말았을 것입니다.

조금 자라서도 '내가 내가'라며 무조건 해보겠다고 나섭니다. '내가 할 수 있을까?', '나한테 그런 능력이 있을까?' 의심하지 않습니다. 어른인 제 눈에는 너무도 무모한 시도인데도 아이는 하고 싶다며 덤벼듭니다. 마찬가지로 잠재력을 모르기에 가능한 일입니다. 오히려 걷기, 뛰기, 혼자 밥 먹기처럼 내가 하지 못했는데 수없이 시도한 끝에 성공한 경험만 있을 뿐입니다. 그러니 지금 못하는 것은 걸림돌이 되지 않는 것이죠. '성장 마인드셋'을 유지합니다.

반면 부모는 잠재력의 가치를 잘 알고 있습니다. 아이에게 아직 발견되지 않은 잠재력이 있다는 것도 알고 있습니다. 잠재력을 일찍 발견할수록 잠재력을 극대화할 시간이 많아지고 그만큼 남들보다 유리한 위치에 설 확률이 높아진다는 것도 알고 있습니다. 그래서 아이의 잠재력을 발견하려고 애씁니다. 책을 자주 읽어달라고 하면 '공부에 재능이 있나?', 낙서를 좋아하면 '미술에 소질이 있나?' 생각합니다. 문제는 발견하려는 노력이 평가로 이어진다는 것입니다. 책을 좋아해서 반가웠다가 다시 책을 멀리하면 '아무래도 공부와는 거리가 먼가 봐', 스케치북과 크레파스를 쥐여줘도 계속 낙서에 머물면 '미술은 아닌가 봐'라고 판단하는 것이죠. 재능이 없다고 판단한 것은 말로 행동으로 드러납니다. 아이가 그림을 그리고 싶다고 하면 "아냐. 너 지난번에도 엉망으로 그렸어. 다른 거 해보자"라고 하는 것입니다. 아이는 '내 그림이 엉망이었구나. 그러면 할 필요가 없구나' 생각하게 되고요. 자기 자신을 시험해보기도 전에 부모의 평가에 의해 '고정 마인드셋'으로 바뀌는 것입니다.

제가 그랬습니다. 게다가 저와 남편 사이에서 태어났으니 저와 남편에게 재능이 없는 부분에는 아이도 재능이 없을 거라는 선입견도 있었습니다. 공놀이를 좋아하던 아이가 어느 날 "엄마, 나 축구선수 될래!"라고 했을 때 "축구선수는 타고난 재능이 있어야 해. 엄마·아빠는 운동에 젬병이라 너도 재능이 없을 거야"라고 못 박았습니다. 그래서인지 아이는 점점 공놀이에 시들해져 갔습니다. 성장 마인드셋을 접하고 이 일화가 가장 먼저 떠올랐습니다. 그때 타고난 재능 운운하지 않고 아이 손을 잡고 축구장에 갔다면 지금도 축구선수를 꿈꾸며 노력하고 있지 않을까, 미안했습니다.

평가부터 멈추기로 했습니다. 아직 부모의 말이 진리인 아이에게 제 평가는 진리로 다가갈 테니까요. 그리고 생각해보니 부모의 역할은 아이를 평가하는 것이 아니라 아이 스스로 자신을 테스트할 수 있게 충분한 기회의 장을 제공하고 기회를 즐길 수 있게 응원하는 것이었습니다.

세상이라는 심판대 → 세상이라는 무대

첫째는 제가 평가를 멈추니 도전을 이어갔습니다. 반면 둘째는 다릅니다. 도전 자체를 즐기지 않습니다. 궁금해하면서도 기회가 있으면 제 뒤로 숨어버렸습니다. 숨은 이유를 물어보면 무섭다고 하더군요. 잘하지 못할까 봐 무섭다고요. 안전하고 쉬운 경우에는 도전하고 조금이라도 어려워지면 한발 물러섰습니다. 특히나 첫째가 잘하는 부분에서는 구경만 할 뿐 나서지 않았습니다. 아마도 오빠만큼 잘할 자신이 없어서인 것 같았습니다. '능력은 발전시킬 수 있다'는 '성장 마인드셋'이 아닌 '능력은 고정되어 있다'는 '고정 마인드셋'을 가지고 있었습니다. 정말 잘하고 싶다면 고정 마인드셋을 바꾸는 것이 우선이었습니다.

드웩에 따르면 마인드셋은 머릿속에 자리 잡고 전체 해석 과정을 관리합니다. 고정 마인드셋은 '심판'에 초점을 맞춘 내적 독백을 만들어냅니다. '이건 내가 승자야', '이건 내가 패자야'라는 식으로요. 고정 마인드셋을 가진 사람은 정보 하나하나에 성공 아니면 실패, 옳음 아니면 그름과 같이 극단적인 의미를 부여합니다. 좋은 일이 생기면 매우 긍정적으로, 나쁜 일이 생기면 매우 부정적으로 해석하죠. 성장 마인드셋도 내적 독백을 만들어내지만 판단이나 심판하지 않습니다. 정보도 긍정적 혹은 부정적이 아닌 건설적으로 해석합니다. '여기에서 나는 무엇을 배웠지?', '어떻게 개선할 수 있을까?'를 생각합니다. 그래서 그는 아이들에게 배움을 중심으로 물으라고 조언합니다. 아이가 다른 아이보다 무언가를 잘했다고 우쭐해하면 "우와! 넌 그걸 통해서 뭘 배웠니?", 유치원이 지루하다고 하면 "그것 참, 안됐구나. 배운 게 없다는 얘기네. 더 열심히 노력하면 뭔가 배울 수 있지 않을까?" 식으로요.

우선 '잘한 것'의 기준을 바꿔주기로 했습니다. 매일 밤 잠들기 전 둘째의 '잘한 것 다섯 가지'를 칭찬합니다. 정말 잘한 것이 아니라 실패했더라도 새롭게 시도한 것을 고릅니다.

"오늘 결이가 엄마 저녁 먹을 때 싱크대에서 혼자 물을 따라서 갖다줬잖아. 엄마 목말랐는데 결이가 준 물 마셔서 엄청 시원했어."

"물 줄줄 흘렸잖아."

"그랬지만 남은 물도 많았는걸? 그 물로도 충분했어. 고마워. 그리고 흘린 물도 결이가 닦았잖아. 뒤처리까지 혼자 할 줄이야!"

이런 식으로요. 사실 둘째는 물을 흘렸을 때 눈물이 그렁그렁했거든요. 칭찬해주니 슬며시 웃었습니다. 이어 "그런데 결아, 오늘 가져온 물만 마셔도 엄마 충분했어. 그러니까 내일은 흘린 만큼 덜 따라볼까?" 개선할 수 있는 방법을 구체적으로 알려주면 다음 날 다시 시도하는 경우도 많습니다. 다시 시도했으면 잊지 않고 또 칭찬하고요.

칭찬 거리에는 가급적 사소하고 재밌는 것도 넣으려고 합니다. 사실 일상이 모두 도전이고 도전이 꼭 비장해야 하는 것이 아니니까요. 놀이터에서 처음 보는 친구가 같이 놀자고 다가올 때 피하지 않는 것,

매미를 처음 손으로 잡아본 것도 도전입니다. 낯선 경험이 즐거움으로 남는다면 낯설어서 긴장하는 일은 줄어들 것 같았습니다.

가족이 모두 같이 도전하기도 합니다. 같이 도전을 하면 어른인 엄마·아빠도 새로운 시도를 한다는 것을 알려줄 수 있습니다. 첫째가 여덟 살, 둘째가 여섯 살인 올봄에는 다 같이 4km 마라톤에 도전했는데요. 코스를 따라 줄지어 서서 응원하는 사람들이 아이들에게 큰 힘이 됐습니다. 마침 둘째가 "나 1등 하라고 응원해주는 거야?" 묻길래 "아니, 끝까지 즐겁게 달리라고 응원하는 거야. 진짜 1등은 빨리 결승선을 통과한 사람이 아니라 웃으며 통과한 사람이거든"이라고 답했습니다. 1등뿐만 아니라 도전자들이 결승선을 통과할 때마다 환호해준 응원단에게 감사했습니다.

성장하는 가족 안에서 자라는 아이

아이가 걸음마를 연습하고 있었을 때 부모인 제가 걸음마도 잠재력이 있어야 할 수 있다고 생각했다면 2,000번가량 일어섰다 넘어지고 또 일어서는 과정을 가만히 지켜볼 수 있었을까요? 아닐 것 같습니다. 연습을 통해 누구나 할 수 있기에 연습을 응원하며 성장을 축하했습니다. 걸음마 연습을 지켜보던 그 순간은 저도 '성장 마인드셋'이었던 것입니다. 결국 해낼 것을 알고 있기에 다른 아이들에 비해 느리고 빠른 건 중요하지 않았습니다. 어제보다 오래 서 있었으니, 오늘은 한 발을 떼려고 시도했으니 대견했습니다.

이 마음가짐을 저 자신도 가지기로 했습니다. 아이를 키우며 늘 느끼지만 제가 변하지 않고 아이에게 가르칠 수는 없습니다. 아이에게는 내가 가진 만큼만 줄 수 있습니다. 드웩도 조직을 예로 들며 부하 직원에게 성장 마인드셋을 심어주고 싶다면 "모두가 성장을 믿도록 훈련해야 한다"고 말했습니다. 자신이 한때는 능력이 부족했지만 잘 해내고 있는 업무 영역이 무엇인지 떠올린 리더는 전에 비해 손쉽게 부하직원의 변화와 발전상을 파악한다고 하면서요. 결국 아이의 성장 마인드셋을 유지하려면 (아이들은 원래 성장 마인드셋이니) 부모가 성장 마인드셋으로 바뀌어야 한다는 뜻입니다.

고정 마인드셋일 때는 세상이라는 심판대에서 '내 능력을 인정받느냐 인정받지 못하냐'가 기준이었습니다. 인정을 받으면 승자, 인정받지 못하면 패자이니 승자가 되어 나를 증명하려고 전전긍긍했죠. 가끔은 '심판대에 오르지 않으면 내 능력을 테스트받을 일이 없고 내 부족함을 들킬 일 없으니 아예 심판대에 오르지 말자'라고 생각했습니다. 아이들에게서 성장 마인드셋을 배운 뒤로는 '무엇을 배웠나, 어제보다 성장했나'가 기준입니다. 그렇게 생각하니 지금 내가 부족한 것은 창피하지 않더군요. 오히려 내 역량을 키우기 위해 노력하지 않았을 때 창피했습니다. 조금씩 성장하는 나를 지켜보는 것이 즐겁고요.

'노력하면 다 된다'라고 무조건 낙관하는 것과는 다릅니다. 드웩은 "성장 마인드셋은 '진정한 잠재력'을 파악할 수 없으니 열정과 노력, 훈련을 거친 후 어떤 성과를 낼지 미리 예단하는 것은 불가능하다"고 말합니다. 현재 가진 자질은 '성장을 위한 출발점'일 뿐이라는 것이죠. 비록 결과가 신통치 않더라도 자신을 새로운 경험에 내던지고 버티려는 열정이 성장 마인드셋의 특징입니다.

요즘은 아이들 앞에서 흐느적흐느적 이상한 춤을 추며 "한번 해보자. 뭐든 배우겠지"라고 합니다. 그러면 아이들은 더 이상하게 춤을 추며 "한번 해보자. 뭐든 배우겠지"라고 하고요. 서로가 우스워 한바탕 웃고 나면 '까짓거 뭐' 덤벼들 힘이 납니다.

마인드셋

캐롤 드웩 지음 | 김준수 옮김
스몰빅라이프
2017년 10월

재능과 능력을 대하는 태도에 따라 미래가 달라진다는 마인드셋 이론. 교육, 리더십 코칭뿐 아니라 육아에도 활용할 수 있습니다.

임신을 앞두고 '이렇게 부족한 내가 부모 될 자격이 있을까'와 '아이를 키우며 조금씩 나아지겠지' 사이에서 망설였습니다. 고민하던 중 첫째가 덜컥 찾아왔고 '네가 날 부모로 만들어주려고 왔구나' 반겼지요. 걱정대로 부족한 부모였지만 아이를 키우며 부모로서, 사람으로서 성장하고 있습니다. 지금 부족한 것보다 무얼 배웠느냐가 중요하다는 걸 책에서 배웠고, 육아도 삶도 같은 태도로 대하니 세상이 생각보다는 덜 두렵네요.

같이 연습해봐요

미끄럼틀을 거꾸로 오르고 싶어 하는 아이. 마음과 달리 올라가자마자 미끄러집니다. 그만하겠다며 울음을 터뜨리기 전, 계속 시도하게 돕고 싶다면 어떻게 해야 할까요?

① "할 수 있어! 조금만 더 힘내!" 응원한다.
② "처음부터 잘 올라가는 사람은 없어." 격려한다.
③ "우와! 집중했더니 한 걸음 더 올라갔어!" 노력을 칭찬한다.

모두 도움이 되겠지만,

노력을 칭찬할 때(3번) 아이는 더 노력하고 싶어집니다.

노력해서 성장한 것을 알았으니

더 노력하면 더 성장할 수 있다는 것을 믿게 되니까요.

[Interview]

[Interview]

'하이, 토닥' 아동발달심리센터 정유진 소장

"왜 나는 매일 아이에게 미안할까?"

**부족해서가 아니라 원래 부모 노릇이 힘들다는 걸
인정하는 연습부터 시작해보세요.**

**상담센터와 블로그, 인스타그램 등의 SNS를 통해 많은 부모,
특히 엄마들을 만나고 계십니다. 엄마들에게 자주 드리는 조언이 있나요?**

조금 멀리 바라보자는 말씀을 드립니다. 처음 부모가 되면 아이를 키워본 경험도
없고, 경험이 없으니 여유도 없습니다. 눈앞에서 벌어지고 있는 문제들을 해결하
기도 벅찬 게 사실입니다. 멀리 보기가 어렵죠. 그러다 보니 '지금 여기'로 시야가
좁아집니다. 그런데 '지금 여기'만 보기 때문에 생기는 실수들이 있어요. 예를 들
어 아이가 무언가를 시도할 때 생각대로 되지 않아 힘들어하면 엄마들은 안쓰러
운 마음이 앞서 대신해주고 아이를 편하게 해주려고 고군분투합니다. 하지만 아
이에게는 힘들지만 감정을 추스르고, 시도하고 실패하고, 좌절했다가 다시 시도
해 결국은 해내는 경험이 필요하거든요. '지금 여기'에 매몰되어 당장 힘들어하는
모습만 보고 있으면 놓칠 수 있는 부분이죠. <u>조금 멀리 바라볼 때 이 순간을 견뎌
낸 아이가 얻게 될 것이 보입니다.</u>

힘들지만 의식적으로 육아의 나무를 넘어 숲을 보려고 노력하자는 말입니다. 두 아이의 부모인 저도 노력하고 있는 부분이고요. 아이들은 언젠가 부모 품을 떠나니까요. 아이가 내 품을 떠나서도 어디서든 잘 적응하고 행복한 삶을 만들어가려면 무엇을 어떻게 도와야 할까를 고민하면 좋겠습니다.

알면서도 아이의 울음 앞에서는 약해지는 게 부모인 것 같습니다.
아이의 울음에 건강하게 대처하려면 부모에게는 어떤 자세가 필요할까요?

버티는 자세가 필요합니다. 상담하다 보면 크게 두 가지 경우에 부모님께 "버텨주세요."라고 말씀드립니다. 첫 번째는 아이의 문제 해결력이 걱정된다고 찾아오셨을 때입니다. 그런 경우 아이에게 난해한 장난감을 주고 어떻게 다루는지를 보는데 대부분은 장난감을 보자마자 엄마에게 어떻게 해야 하는지를 묻습니다. 엄마들은 바로 정답을 알려주죠. 반대로 같은 장난감을 혼자 이리저리 살펴보는 아이들의 엄마는 아이가 물어도 답을 하지 않는 경우가 많았습니다. 알고 있지만 탐색할 기회를 주기 위해 답을 꺼내지 않는 거죠. 모르는 척 버티는 자세입니다. 두 번째는 아이가 울음으로 호소하며 감정적인 반응을 보일 때입니다. 엄마들은 아이가 울면 안절부절못하며 울음을 멈추게 하려고 애씁니다. 하지만 말로 의사소통을 할 수 있는 아이라면 스스로 진정해 울음을 멈추고 원하는 것을 표현하도록 돕는 게 성숙한 대처입니다. 이때도 '엄마는 네가 스스로 진정할 때까지 기다릴 수 있어'라는 메시지를 전하며 버티는 자세가 필요합니다.

세상의 시선에 맞서 버텨야 할 때도 있습니다. 아이가 자라면 "이제 기저귀를 떼야 하는 거 아니야?"부터 조금 더 자라면 "이제 슬슬 한글 공부 시작해야지" 등 주변에서 말을 보태기 시작합니다. 그런 말을 자주 듣다 보면 부모도 '우리 아이만 뒤처지는 거 아닌가?' 조바심이 나고 아이를 재촉하기 쉽습니다. 기다려주면 아이 스스로 해낼 수 있는 일이라면 아이를 재촉하기보다 세상의 시선에서 벗어나 아이에게 집중하는 겁니다. 아이가 언젠가는 해낼 거라고 확고하게 믿으며, 세상의 속도가 아닌 아이의 속도에 따라 부모가 버텨주는 거죠.

부모 노릇에 대해 부모들이 다시 한번 생각해봤으면 싶은 것이 있다면요?

우리 사회는 자식에 대한 사랑을 수용이라고 생각하는 경향이 있습니다. 아이를 충분히 사랑한다는 것을 아이를 절대적으로 수용하는 것이라고 여기죠. 그러다 보면 역으로 아이가 수용할 수 없는 행동을 했을 때 '아이가 잘못했구나'가 아닌 '내 사랑이 부족해 문제가 생겼구나'라고 잘못 생각할 수 있습니다. 아이가 친구를 때렸을 때 상황을 객관적으로 보기보다 '내가 아이를 충분히 사랑하지 못해서 아이가 욕구불만이 생겼구나'라고 자책부터 하는 거죠. 그 결과 아이의 문제행동을 개선하기보다 엄마가 더 수용하고 더 인내하려고 합니다. 물론 엄마가 더 수용하고 더 인내하면 지금 당장은 아이의 문제행동이 사라집니다. 불편함이 사라지니까요. 하지만 아이가 자라 세상에 나가면 문제가 다시 발생합니다. 엄마처럼 나에게 맞춰주는 사회는 없습니다.

바움린드가 밝힌 양육 태도의 두 가지 축인 통제와 애정을 동시에 고려하면 좋겠습니다. 아이에게 문제가 생겼을 때 내 사랑의 부족함을 탓하기 전에 애정이 부족해 생긴 문제인지 또는 아이를 다루는 방법, 즉 통제에 문제가 있는지를 점검해보면 조금 더 건강한 부모 노릇을 할 수 있습니다.

부모와 아이는 어떤 관계라고 생각하시나요?

비유하자면 도로주행 연습 중인 초보운전자와 그 옆에 앉아 있는 강사의 관계가 아닐까요? 초보운전자는 이제 막 운전대를 잡은 만큼 강사에게 의지하지만, 이 운전대의 주인은 나라는 걸 알고 있습니다. 강사 또한 지금은 이 운전자가 경험이 부족해 위험한 상황에 빠질 수 있지만 결국은 혼자 운전해야 한다는 것을 알고 있고요. 그래서 때로는 액셀을 밟고, 때로는 브레이크를 밟아가며 운전자가 안전하게 운전할 수 있게 돕습니다. 초보운전자는 그런 강사가 옆에 있기에 안심하고 즐겁게 운전을 배우고요. 부모와 아이도 그런 관계인 것 같습니다.

이렇게 말씀드리면 '언제 액셀을 밟고, 언제 브레이크를 밟아야 할지 모르겠다'고 하시는 부모들이 많아요. 육아서를 보고 전문가의 조언을 듣고 그대로 한다고 하는데도 제대로 하는 건가 싶고, 이렇게 하는 게 정말 아이에게 도움이 되는 건가 싶다고요. 한 마디로 확신이 서지 않는다는 뜻입니다. 그렇기 때문에 기준이 필요한 것 같습니다. 언제 액셀을 밟고 언제 브레이크를 밟을지, 언제 아이에게 개입하고 언제 아이에게서 한발 뒤로 물러날지에 대한 올바른 기준을 마련하는 거죠. 기준이 서면 덜 흔들립니다. 확신은 부수적으로 따라오고요.

아이를 처음 품에 안았을 때 좋은 부모가 되겠다고 다짐했습니다.
좋은 부모가 되려면 무엇을 해야 할까를 고민했고요.
무엇을 하기 전에 선행되어야 할 것이 있나요?

부모가 되니 부족한 것 같고 잘못하고 있는 것 같다며 눈물을 쏟는 엄마들을 자주 만납니다. 그 모습을 보고 있으면 얼마 전까지만 해도 자기중심의 자유로운 생활과 행복한 연애를 거쳐 신혼을 즐겼을 모습이 떠올라 마음이 아려요. 부족해서가 아니라, 부모가 되는 것은 원래 힘든 거라고 말씀드리죠. 아이가 울 때 그 울음을 그치게 하는 건 누구에게나 힘들어요. 내가 부족해서가 아니라 원래 어려운 일이라 쉽게 아이의 울음을 멈추게 할 수 없는 거죠. 무언가를 더 하려고 하기 전에 육아는 힘든 것이니 육아를 힘들어하는 내 모습이 너무도 자연스러운 거라고 인정하면 좋겠습니다. 부족한 걸 채워나가는 부모가 아니라 성장하고 있는 부모라는 걸 스스로 알았으면 좋겠습니다. 내 아이를 다른 아이와 비교하지 말라고들 해요. 어제의 아이와 오늘의 아이를 비교하며 성장을 칭찬하라고 하죠. 부모도 마찬가지입니다. 어제의 나와 오늘의 나를 비교하세요. 내 성장을 알아보는 부모가 아이의 성장도 알아볼 수 있습니다.

**마지막으로 전문가이자 두 아이의 부모로서,
'동료 부모'들에게 한마디 한다면요?**

칭찬해드리고 싶어요. 직업상 주로 힘든 상황에 놓인 부모님들을 만나 뵙게 되는데 "이 아이는 이게 문제예요. 그래서 힘들어요"라고 불평하는 경우가 없어요. "그러니 어떻게 하면 아이를 도울 수 있을까요?"라고 제게 묻죠. 문제에 매몰되지 않고 해결할 방법을 찾으려 합니다. 아이를 위해 끊임없이 고민하는 모습에 저도 자극을 받습니다. 부모님들의 노력 덕분에 우리 세대가 자랄 때보다 아이들이 더 건강한 환경에서 자라고 있는 것 같고요.

그리고 부모 노릇은 주는 것이 아니라 주고받는 것이라는 말씀을 드리고 싶어요. 부모가 아이에게 일방적으로 주는 것이 아닌, 아이에게 사랑을 주고 아이의 사랑을 받고, 아이를 배려하고 아이가 나를 배려하게 가르치고, 아이에게 영향을 주고 아이가 주는 영향을 기꺼이 받아들일 때 부모와 아이는 톱니바퀴처럼 맞물려 더불어 행복해집니다.